U0204415

三峡库区可持续发展研究丛书

国家社会科学基金重大项目"长江上游生态大保护政策可持续性与机制构建研究"（20&ZD095）
教育部人文社会科学重点研究基地重大项目"长江上游地区生态文明建设体系研究"
（18JJD790018）
重庆市研究生导师团队建设项目"长江上游【流域】复合生态系统管理"（YDS193002）
重庆市教委哲学社会科学重大理论研究阐释专项课题重大攻关项目"重庆在推进长江经济带绿色
发展中发挥示范作用研究"（19SKZDZX06）
西南大学中央高校基本科研业务费专项资金资助项目"长江经济带污染密集型产业集聚的绿色经
济效应、机制与对策研究"（SWU1909773）
"三峡库区百万移民安稳致富国家战略"服务国家特殊需求博士人才培养项目

共同资助

三峡库区
复合生态系统研究

文传浩 黄 磊 滕祥河 等 著

科学出版社

北 京

内 容 简 介

环境、经济、社会的协调发展是实现三峡库区复合生态系统可持续发展的重点内容。本书在文献梳理及相关理论研究的基础上，主要从环境、经济、社会三个维度对三峡库区复合生态系统的现状进行了分析，并对复合生态系统的耦合协调发展进行了评价与预测，最后基于研究结果提出了三峡库区复合生态系统可持续发展的对策建议。

本书可供经济学、管理学、生态学等相关专业的师生教学及科研使用，也可供广大关注三峡库区可持续发展的读者阅读。

图书在版编目（CIP）数据

三峡库区复合生态系统研究/文传浩等著. —北京：科学出版社，2021.6
（三峡库区可持续发展研究丛书）
ISBN 978-7-03-069146-0

Ⅰ．①三…　Ⅱ．①文…　Ⅲ．①三峡水利工程-生态环境-可持续性发展-研究　②三峡水利工程-经济可持续发展-研究　③三峡水利工程-社会发展-可持续性发展-研究　Ⅳ．①X321.2　②F127

中国版本图书馆 CIP 数据核字（2021）第 110327 号

丛书策划：侯俊琳　杨婵娟

责任编辑：杨婵娟　姚培培 / 责任校对：贾伟娟

责任印制：徐晓晨 / 封面设计：铭轩堂

科 学 出 版 社 出版
北京东黄城根北街 16 号
邮政编码：100717
http://www.sciencep.com

北京建宏印刷有限公司 印刷
科学出版社发行　各地新华书店经销
*

2021 年 6 月第 一 版　　开本：720 × 1000 1/16
2021 年 6 月第一次印刷　　印张：11 1/2
字数：232 000

定价：78.00 元
（如有印装质量问题，我社负责调换）

丛 书 序

　　三峡工程是世界上规模最大的水电工程，也是中国有史以来建设的最大的工程项目。三峡工程 1992 年获得全国人民代表大会批准建设，1994 年正式动工兴建，2003 年 6 月 1 日下午开始蓄水发电，2009 年全部完工，2012 年 7 月 4 日已成为全世界最大的水力发电站和清洁能源生产基地。三峡工程的主要功能是防汛、航运和发电，工程建成至今，它在这三个方面所发挥的巨大作用和获得的效益有目共睹。

　　毋庸置疑，三峡工程从开始筹建的那一刻起，便引发了移民搬迁、环境保护等一系列事关可持续发展的问题，始终与巨大的争议相伴。三峡工程的最终成败，可能不在于它业已取得的防洪、发电和利航等不可否认的巨大成效，而将取决于库区百万移民是否能安稳致富，库区的生态涵养是否能确保浩大的库区永远会有碧水青山，库区内经济社会发展与环境保护之间的矛盾能否有效解决。

　　持续 18 年的三峡工程大移民，涉及重庆、湖北两地 20 多个区县的 139 万多人，其中 16 万多人离乡背土，远赴十几个省市重新安家。三峡移民工作的复杂性和困难性不止在于涉及近 140 万移民、20 多个区县，还与移民安置政策、三峡库区环境保护、产业发展等问题紧密相关，细究起来有三点。

　　一是三峡库区经济社会发展相对落后，且各种移民安置政策较为保守。受长期论证三峡工程何时建设、建设的规模和工程的影响，新中国成立后的几十年内，国家在三峡库区没有大的基础设施建设和大型工业企业投资，三峡库区的经济社会发展在全国，甚至在西部也处在相对落后的水平。以重庆库区为例，1992 年，库区人均地区生产总值仅 992 元，三次产业结构为 42.3：34.5：23.2，农业占比最高，财政收入仅 9.67 亿元[①]。1993 年开始的移民工作，执行的是"原规模、原标准或者恢复原功能"（简称"三原"）的补偿及复建政策，1999 年制定并实施了"两个调整"，农村移民从单纯就地后靠安置调整为部分外迁出库区安置，工矿企业则从单纯的搬迁复建变为结构调整，相当部分关停并转，仅库区 1632 家搬迁企业就规划关破 1102 家，占总数的 67.5%[②]。这样的移民安置政策给移民的安稳致富工作提出了严峻的挑战。

二是三峡库区百万移民工程波及面远远超过百万移民本身，是一项区域性、系统性的宏大工程。我们通常所指的三峡库区移民工作，着重考虑的是淹没区 175m 水位以下，所涉及的湖北省夷陵、秭归、兴山、巴东，重庆市的巫溪、巫山、奉节、云阳、万州、开县、忠县、石柱、丰都、涪陵、武隆、长寿、渝北、巴南、重庆市区、江津等 20 多个区县的 277 个乡（镇）、1680 个村、6301 个组的农村需搬迁居民，以及 2 座城市、11 个县城、116 个集镇需要全部或部分重建所涉及的需要动迁的城镇居民。事实上，受到三峡工程影响的不仅仅是这 20 多个区县中需要搬迁和安置的近 140 万居民，还应该包含上述区县、乡镇、村组中的全部城乡居民，甚至包括毗邻这些区县、受流域生态波及的库区的其他区县的居民，这里实际涉及了一个较为广义的移民概念。真正要在库区提振民生福祉、实现移民安稳致富，必须把三峡库区和准库区、百万移民和全体居民的工作都做好。

三是三峡库区百万移民的安稳致富，既要兼顾移民的就业和发展，做好三峡库区产业发展，又要落实好库区的生态涵养和环境保护。2011 年，三峡库区农民人均耕地只有 1.1 亩[③]，低于全国人均 1.4 亩的水平，而且其中 1/3 左右的耕地处于 25° 左右的斜坡上，土质较差，移民安置只能按人均 0.8 亩考虑。整个库区的河谷平坝仅占总面积的 4.3%，丘陵占 21.7%，山地占 74%。三峡库区是古滑坡、坍塌和岩崩多发区，仅在三峡工程实施过程中，就规划治理了崩滑体

---

① 参见重庆市移民局 2012 年 8 月发布的《三峡工程重庆库区移民工作阶段性总结研究》。
② 梁福庆. 2011. 三峡工程移民问题研究. 武汉：华中科技大学出版社.
③ 1 亩≈666.7m²。

617 处。在这样的条件下，我们不仅要转移、安置好库区的百万移民，还必须保护好三峡 660 余 km 长的库区的青山绿水。如何同时保证库区的百万移民安稳致富、库区的生态涵养和环境保护是一项十分艰巨的工作。

国家对三峡库区的可持续发展问题一直高度关注。对于移民工作，国家就提出"开发性移民"的思路，强调移民工作的标准是"搬得出、稳得住、逐步能致富"。在 20 世纪 90 年代，国家财力相对薄弱，当时全国，尤其是中西部地区的经济社会发展水平也不高，因此对移民工作实行了"三原"原则下较低的搬迁补助标准，但就在 2001 年国务院颁发的《长江三峡工程建设移民条例》这个移民政策大纲中提出了移民安置"采取前期补偿、补助与后期扶持相结合"的原则。在此之前的 1992 年，国务院还颁发了《关于开展对三峡工程库区移民工作对口支援的通知》（国办发〔1992〕14 号），具体安排了东中部各省市对库区各区县的对口支援任务。这项工作，由于有国务院三峡工程建设委员会办公室（简称国务院三建办）的存在，至今仍在大力推进和持续。2011 年 5 月，国务院常务会议审议批准了《三峡后续工作规划》（简称《规划》），这是在特定时期、针对特定目标、解决特定问题的一项综合规划。《规划》指出，在 2020 年之前必须解决的六大重点问题之首是移民安稳致富和促进库区经济社会发展。其主要目标是，到 2020 年，移民生活水平达到重庆市和湖北省同期平均水平，覆盖城乡居民的社会保障体系建立，库区经济结构战略性调整取得重大进展，交通、水利等基础设施进一步完善，移民安置区社会公共服务均等化基本实现。显然，三峡工程移民的安稳致富工作是一个需要较长时间实施的浩大系统工程，它需要全国人民，尤其是三峡库区所在的湖北、重庆两省（直辖市）能够为这项事业奉献智力、财力和人力的人们持续的关注和参与。它既要有经济学的规划和谋略，又要有生态学的视野和管理学的实践，还要有社会学的独特思维和运作，以及众多不同的、各有侧重的工程学科贡献特别的力量。

重庆工商大学身处库区，一直高度关注三峡库区的移民和移民安稳致富工作，并为此作了大量的研究和实践。早在 1993 年，重庆工商大学的前身之一——重庆商学院，就成立了"三峡经济研究所"，承担国家社会科学基金、重庆市政府和各级移民工作管理部门关于移民工作问题的委托研究。2004 年，经教育部批准，学校成立了教育部人文社会科学重点研究基地——长江上游经济研究中心。从成立伊始，该中心即整合全校经济学、管理学各学院的资源，以及生态、环境、工程、社会等各大学科门类的众多学者，齐心协力、协同攻关，为三峡库区移民和移民后续工作做出特殊的努力。

2011 年，国务院学位委员会第二十八次会议审议通过了《关于开展"服务国家特殊需求人才培养项目"试点工作的意见》，在全国范围内开展了硕士学位授予单位培养博士专业学位研究生试点工作。因为三峡工程后续工作，尤其是库区移民安稳致富工作的极端重要性、系统性和紧迫性，由国务院三建办推荐、重庆工商大学申请的应用经济学"三峡库区百万移民安稳致富国家战略"的博士项目最终获批，成为"服务国家特殊需求人才培养项目"的 30 个首批博士项目之一，并从 2013 年开始招生和项目实施。近三年来，该项目紧密结合培养三峡库区后续移民安稳致富中对应用经济学及多学科高端复合型人才的迫切需求，结合博士人才培养的具体过程，致力于库区移民安稳致富的模式、路径、方法、政策等方面的具体研究和探索。

重庆工商大学牢记推动三峡库区可持续发展的历史使命，紧紧围绕着"服务国家特殊需求人才培养项目"这个学科"高原"，不断开展"政产学研用"合作，并由此孵化出一系列紧扣三峡库区实情、旨在推动库区可持续发展的科学研究成果。当前，国家进入经济社会发展的"新常态"，资源约束、市场需求、生态目标、发展模式等均发生了很大的变化。国家实施长江经济带发展战略，意在使长江流域 11 省（自治区、直辖市）依托长江协同和协调发展，使其成为新时期国家发展新的增长极，并支撑国家"一带一路"新的开放发展倡议。湖北省推出了以长江经济带为轴心，一主（武汉城市群）两副（宜昌和襄樊为副中心）的区域发展战略。重庆则将三峡库区的广大区域作为生态涵养发展区与社会经济同步规划发展。值此之际，重庆工商大学组织以服务国家特殊需求博士项目博士生导师为主的专家、学者推出"三峡库区可持续发展研究丛书"，服务国家重大战略、结合三峡库区区情、应对"新常态"下长江经济带实际，面对三峡库区紧迫难题、贴近三峡库区可持续发展的实际问题，创新提出许多理论联系实际的新观点、新探索。将其结集出版，意在引起库区干部群众，以及关心三峡移民工作的专家、学者对该类问题的持续关注。这些著作由科学出版社统一出版发行，将为现有的有关三峡工程工作的学术成果增添一抹亮色，它们开辟了新的视野和学术领域，将会进一步丰富和创新国内外解决库区可持续发展问题的理论和实践。

最后，借此机会，要向长期以来给予重庆工商大学 "三峡库区百万移民安稳致富国家战略"博士项目指导、关心和帮助的国务院学位办、国务院三建办，重庆市委、市政府及相关部门的领导表达诚挚的感谢！

王崇举

2015 年 8 月于重庆

前言

　　三峡工程是当今世界最大的水利水电工程，在世界水利水电工程发展历史上具有重要地位。虽然早在 2009 年，三峡工程就已基本竣工，其防洪、发电、航运、灌溉、供水、旅游等综合功能日益凸显，维护着长江中下游地区物质生产和生活系统的持续稳定运行。然而，三峡工程绝不仅仅是一个工程项目，它的建设是一项庞大而复杂的系统工程，不仅涉及许多重大工程技术问题，还涉及经济、社会、生态等诸多方面因素。随着工程项目的基本完工，三峡工程建设进入后三峡时期，实现三峡库区移民安稳致富、加强库区生态环境保护和强化地质灾害防治将是三峡工程建设的主要任务。因此，研究三峡库区环境-经济-社会复合生态系统的发展变迁，探寻其耦合协调演变规律，对丰富和完善复合系统协同发展理论，实现三峡库区重点生态功能区功能定位，保护好三峡库区这一片绿水青山，增加和均衡库区基本公共服务，实现库区经济社会的创新发展、协调发展、绿色发展、开放发展、共享发展，确保库区人民同全国人民一起进入小康社会，具有十分重要的理论价值和实践意义。

　　本书旨在建构一套较为全面的评价三峡库区环境-经济-社会复合生态系统协调发展的评价体系，丰富完善水利水电库区环境-经济-社会复合生态系统的综合评价体系；通过探寻三峡库区环境-经济-社会复合生态系统的内在耦合机理（环境是基础，经济是主导，社会是归宿），厘清三峡库区环境、经济、社会三者之间的逻辑关系，补充完善发展经济学，生态经济学，人口、资源与环境经济学，系统动力学等相关理论；同时通过科学评价三峡库区库首、库腹、库尾区域的环境、经济、社会发展变化，提出有针对性的促进三峡库区环境-经济-社会复合生态系统协调发展的指导建议，提升三峡库区综合治理水平，形成一个库区治理典型示范案例，为其他同类水利水电库区实现环境-经济-社会复合生态系统协调发展提供一些指导建议，提升三峡库区的示范效应和社会效益。

　　三峡库区的经济、社会与环境问题交织在一起，复杂而特殊。库区移民安稳致富与生态环境建设任务重、难度大、要求高。如果仅从单一的生态系统或自然保护区来认识三峡库区，难免会存在认识误区。三峡库区不是一个单一的生态系统，而是一个自然系统、社会系统、经济系统复合在一起的复杂巨系统，形成了

"六位一体"的独特体系,兼具高行政级别的政治独特性、典型的空间区域二元结构的经济独特性、移民安稳致富问题复杂的社会独特性、多元文化融合的文化独特性、生态系统功能复合交叉和融合集中的环境独特性及多个地理单元交接的地理独特性。因此,三峡库区独特地理单元的经济发展方式是否能够转型与优化?库区环境-经济-社会协调持续性发展及复合生态系统管理创新的重点、难点和着力点在哪里?三峡库区生态环境问题是否会成为"大保护、小开发"长江经济带战略纵深推进的掣肘与短板?以三峡库区独特的地理单元为载体,系统研究库区环境-经济-社会复合系统发展变化,在丰富和发展流域经济与管理理论和促进交叉学科构建新研究范式的同时,能够为水利水电库区的生态环境保护、经济社会发展以及流域可持续发展提供有益经验。

本书主要基于耦合协调模型,并按照"理论基础—现状探讨—实证分析—政策建议"的逻辑对三峡库区复合生态系统开展研究,分为以下7章。

第1章三峡库区概述。概述三峡库区研究背景以及三峡库区范围界定,详细阐述三峡库区独特性,并对本书所研究的内容进行简要表述。

第2章关键概念及理论基础。对本书涉及的关键概念,如耦合、耦合协调等关键词进行重点诠释,这是本书开展研究的逻辑起点。在对相关概念进行界定后,引出本书的理论基础。本书的研究建立在生态经济学,人口、资源与环境经济学和系统动力学等丰富理论基础之上,有着深厚的理论根基。最后梳理环境-经济-社会复合生态系统可持续发展的相关文献,为本书研究提供方法和工具支撑。

第3章三峡库区复合生态系统现状分析。主要是基于2005～2017年三峡库区环境系统发展变化、经济系统发展变化和社会系统发展变化三个维度对每一系统发展状况进行基本分析,以期对三峡库区环境-经济-社会复合生态系统耦合发展的情况有一个初步认识,为后文进一步实证分析建立基本的分析框架。

第4章三峡库区复合生态系统耦合协调发展评价方法。首先建立复合生态系统的评价指标体系,其次介绍效益指数函数、容量耦合度模型、综合效益指数和耦合协调度模型等耦合协调发展测度的具体工具,为后文对库区环境-经济-社会复合生态系统耦合协调性的测度奠定基础。

第5章三峡库区复合生态系统耦合协调发展评价。首先用熵值法评价三峡库区库首、库腹、库尾区域环境-经济-社会复合生态系统效益,而后采用耦合度模型和耦合协调度模型测度并分析三峡库区库首、库腹、库尾区域环境-经济-社会复合生态系统耦合协调的具体情况,更加准确真实地把握三峡库区复合生态系统耦合协调发展的变化。

第6章三峡库区复合生态系统耦合协调发展预测。采用灰色预测模型GM(1,1)对三峡库区各区域2018～2021年的耦合协调发展状况进行预测,以期对今后三峡库区环境-经济-社会复合生态系统发展趋势有一个基本把握。

　　第 7 章三峡库区复合生态系统可持续发展的对策建议。根据对三峡库区环境-经济-社会复合生态系统发展的现状分析与对复合生态系统的耦合协调的实证分析结果，为促进三峡库区复合生态系统可持续发展提出若干项有针对性的对策建议。

　　本书是长江上游【流域】复合生态系统管理创新团队多年从事流域可持续发展研究的积累，也是国家社会科学基金重大招标项目的研究成果之一，得到了教育部人文社会科学重点研究基地重庆工商大学长江上游经济研究中心的大力支持和资助。我们要感谢国家哲学社会科学规划办公室、教育部社会科学司、重庆市社会科学界联合会等上级主管部门对本书的帮助；也要感谢长江上游【流域】复合生态系统管理创新团队中师生的帮助，他们在此过程中，紧密配合，合理分工，完成了大量资料搜集、汇总、编撰工作。

　　本书分工如下：前言和总体统筹协调由文传浩负责，第 1 章三峡库区概述由文传浩、孔芳霞完成，第 2 章关键概念及理论基础由滕祥河、孔芳霞完成，第 3 章三峡库区复合生态系统现状分析由孔芳霞、许芯萍、熊永灏完成，第 4 章三峡库区复合生态系统耦合协调发展评价方法由黄磊完成，第 5 章三峡库区复合生态系统耦合协调发展评价由黄磊、张义、许芯萍完成，第 6 章三峡库区复合生态系统耦合协调发展预测由黄磊、许芯萍完成，第 7 章三峡库区复合生态系统可持续发展的对策建议由滕祥河、熊永灏完成，最后由文传浩负责全书的文字统稿、文献编排和整理工作。

　　由于研究对象具有复杂性及特殊性，加之作者水平所限，诸多问题的研究还不够系统深入，对于本书的不足之处敬请读者批评指正。

文传浩
2020 年 7 月

目 录

1

三峡库区概述

　　三峡工程是一个庞大而复杂的系统工程,其影响范围之广、建设难度之大、涉及问题之繁,在世界水利水电工程历史上百年难得一遇。三峡库区因三峡工程而成,虽然三峡工程已于 2009 年基本竣工,但其经济、社会、环境影响仍在。对三峡库区环境-经济-社会复合生态系统进行全面研究十分有必要且有意义。

1.1　三峡库区研究背景

　　1992 年 4 月,全国人大决议兴建三峡工程。1994 年,三峡工程正式开工建设,艰苦奋战十五载,工程已于 2009 年全面竣工,其防洪、发电、航运、灌溉等水资源综合利用功能已渐趋成熟。然而三峡工程绝不只是一个工程项目,三峡工程牵涉着与工程项目紧密相关的千百万库区人民生产、生活的方方面面。三峡工程因规模之大、耗时之久、影响范围之广、问题之复杂,在世界工程项目中也实属罕见。从某种角度看,三峡工程涉及政治、经济、社会、环境等方面,是一个多维度的复合生态系统项目。库区经济结构转型调整与升级、库区生态环境的发展变迁,这些问题不会因工程项目的终结而消散。三峡工程是一个必须长期持续关注的系统工程项目。
　　2011 年 5 月,国务院通过《三峡后续工作规划》部署后三峡时期任务,以期全面解决移民安稳致富、生态环境保护、地质灾害防治等三峡工程的后续相关问题。《三峡后续工作规划》提出,到 2020 年库区移民生活水平和质量达到湖北省、重庆市居民同期平均生活水平和质量,建立覆盖城乡居民的社会保障体系,库区经济结构战略性调整取得重大进展,进一步完善库区交通、水利及城镇等基础设施,基本实现库区移民安置区居民社会公共服务均等化,有效遏制库区生态环境恶化趋势,进一步健全库区地质灾害防治长效机制,基本建立库区防灾减灾体系。

为此，三峡库区从六大方面着手突破：一是促进库区经济社会发展，实现移民安稳致富；二是加强库区生态环境建设与保护；三是强化库区地质灾害防治；四是妥善处理三峡工程蓄水后对长江中下游带来的不利影响；五是提高三峡工程综合管理能力；六是以洪水资源化、水库优化调度、供水效益拓展为主攻方向，拓展三峡工程防洪、发电、航运、生态和水资源配置等综合效益，提高在国家水安全和电网运行安全等方面的战略保障能力。国家高度重视库区后续环境-经济-社会复合生态系统良好运行情况，下大力气和决心实现库区环境-经济-社会复合生态系统的全面协调可持续发展，解决三峡工程的后续遗留问题，确保库区人民在全面建成小康社会进程中不掉队，让库区人民与全国人民一同共享全面建成小康社会成果。

2014 年 7 月，国务院批复同意国务院三峡工程建设委员会办公室①编制的《全国对口支援三峡库区合作规划（2014－2020 年）》。该规划指明，当前三峡库区发展正面临难得的三大机遇，一是随着三峡后续工作开展和集中连片特殊困难地区扶贫政策的实施，国家将进一步加大对三峡库区的支持力度，为库区经济社会发展带来新的机遇；二是全国已进入转变发展方式、加快产业结构调整和转移的关键时期，承接产业转移，培育特色产业，为库区发展带来新的机遇；三是全国人力资源供需的变化，为库区发挥人力资源优势、深化与发达地区的劳务合作带来新的机遇。挑战与机遇并存，库区发展同样面临着严峻挑战，一是自然生态环境现状与国家对三峡库区主体功能区规划要求还有较大差距，库区人多地少、环境承载压力大的基础性矛盾没有改变；二是经济社会发展基础与全面建成小康社会的目标还有较大差距，贫困面广、城乡居民收入低、产业发展基础薄弱、公共服务能力低的现状亟待改善。库区的稳定和长远发展需要当地广大干部与人民群众的自身努力和艰苦奋斗，同时也需要国家部委及有关地方、单位的继续支持和帮助，要继续按照"优势互补、互惠互利、长期合作、共同发展"的思路，做好对口支援合作工作。继续开展全国对口支援三峡库区工作，有利于加快库区移民安稳致富，增强库区经济发展活力，促进库区社会和谐稳定；有利于加强库区生态环境保护，保障三峡水库水资源安全；有利于探索建立新型区域合作关系，对口支援双方携手共促区域协调发展；有利于传承全国一盘棋的优良传统，弘扬社会主义集中力量办大事的优越性。国家从协调区域发展，加快主体功能区建设出发，全力帮扶三峡库区加快经济社会发展步伐和生态环境保护与修复进程。

2015 年 10 月，十八届五中全会提出新发展理念，全会强调，实现"十三五"时期发展目标，破解发展难题，厚植发展优势，必须牢固树立并切实贯彻落实创

---

① 国务院三峡工程建设委员会办公室于 2018 年 3 月并入中华人民共和国水利部，不再保留国务院三峡工程建设委员会办公室。

新、协调、绿色、开放、共享的新发展理念。创新是引领发展的第一动力，协调是持续健康发展的内在要求，绿色是永续发展的必要条件和人民对美好生活追求的重要体现，开放是国家繁荣发展的必由之路，共享是中国特色社会主义的本质要求。新发展理念必将增强发展的整体性、协调性、平衡性、包容性、可持续性，既对传统发展进行革新升级，又对现代发展内涵进行全面提升，对现代发展外延予以全方位拓展。同时，十九大也强调坚持新发展理念。三峡库区整体为一个发展水平相对滞后的独特地理单元，其经济社会发展取得的显著成就在某种程度上是以牺牲和弱化环境系统生态功效为代价换取的，创新、协调、绿色、开放、共享发展尚不充分。新发展理念成为研究如何实现库区环境-经济-社会复合生态系统耦合协调发展路径的重要目标与依据。

2016年3月，《中华人民共和国国民经济和社会发展第十三个五年规划纲要》（简称《"十三五"规划》）明确指出，推进长江经济带发展，必须坚持生态优先、绿色发展的战略定位，把修复长江生态环境放在首要位置，推动长江上中下游协同发展、东中西部互动合作，把长江经济带建设成为我国生态文明建设的先行示范带、创新驱动带、协调发展带。三峡库区是长江经济带中上游地区的重要连接区，也是国家重点生态功能区，《"十三五"规划》提出要建设三峡生态经济合作区，创新跨区域生态保护与环境治理联动机制，建立生态保护和补偿机制。国家高度重视三峡库区环境-经济-社会复合生态系统耦合协调发展，长江经济带的"四带"定位和三峡库区生态经济合作区的建设成为推进三峡库区环境-经济-社会复合生态系统耦合协调发展的重要抓手。

三峡库区作为一个独特地理单元，处于大巴山、七曜山、巫山交接区，为国家典型连片特别贫困区之一，是巴渝文化、楚文化、移民文化的交汇区，因三峡工程、百万移民工程而成库区，库区战略地位显著，战略意义重大。虽然三峡工程已完工，但是后续库区环境-经济-社会问题依然存在，国家对库区后续产业升级再造、移民安稳致富、生态环境治理等问题高度重视。在此大背景下，研究三峡库区独特地理单元环境-经济-社会复合生态系统耦合协调发展，探寻制约库区复合生态系统的影响因子，指导库区实现创新发展、协调发展、绿色发展、开放发展和共享发展具有重大的现实意义。

1.2　三峡库区范围界定

三峡库区位于四川盆地与长江中下游平原的接合部，跨越鄂中山区峡谷及川东岭谷地带，北屏大巴山，南依川鄂高原。三峡库区因三峡工程而成，三峡水利水电工程的建设致使沿三峡工程以上的大片长江流域遭到淹没，并产生大量移民安置的需要。因此，三峡库区特指因三峡工程建坝蓄水而遭到淹没并有移民安置规划的部分长江流域，位于东经 106°20′~111°28′和北纬 28°56′~31°44′，国土面积达 5.77 万 km²，涉及湖北省和重庆市两省市的 26 个区县，其中湖北省 4 个区县、重庆市 22 个区县。由于库区西起重庆市江津区，东至宜昌市夷陵区，东西跨度长达 600km，而不同区域的经济社会水平和资源环境禀赋差异较大，国家从区域发展的特殊性出发，将三峡库区划分为库首、库腹、库尾三大区域（杨林章等，2007）。库首地区即三峡库区湖北段（有时也称湖北库区），涵盖恩施州的巴东县和宜昌市的兴山县、秭归县、夷陵区 4 个区县；库腹地区涵盖万州区、涪陵区、丰都县、武隆区、忠县、开州区、云阳县、奉节县、巫山县、巫溪县、石柱县 11 个区县；库尾地区涵盖渝中区、大渡口区、江北区、沙坪坝区、九龙坡区、南岸区、北碚区、渝北区、巴南区、江津区、长寿区 11 个区。库腹地区与库尾地区共同组成三峡库区重庆段（简称重庆库区）。

遵循国家对三峡库区的三大区域划分，对三大区域的环境-经济-社会的复合生态系统的耦合协调状况分别进行研究，兼论湖北库区和重庆库区的复合生态系统耦合协调发展状况，以期本书所得结论尽量符合现实情况，为库区环境-经济-社会复合生态系统的长期协调发展提供一定的指导借鉴。

1.3　三峡库区独特性

随着三峡水利水电工程的建设完成和成功蓄水，三峡库区由此产生，成为长江流域最具有典型性和代表性的水利水电库区。与传统的自然地理、人文地理、经济地理、流域生态学等划分的地理单元以及根据区域经济、空间经济、产业布局结合自然地理划分的地理、生态单元不同，三峡库区作为一个独特地理单元，形成"六位一体"的独特体系和复合巨系统，涵盖政治独特性、经济独特性、社会独特性、文化独特性、环境独特性和地理独特性。

高行政级别是三峡库区独特地理单元政治独特性的集中体现。一是三峡工程经国家最高权力机关审议通过，是迄今唯一经全国人大审议通过的建设项目，国内外其他工程难以比拟；二是三峡工程建设委员会办公室直属国务院，是开展三峡工程建设和移民工作的高层次决策机构，由国家领导人（国务院总理或副总理）直接负责管理，自国务院布局三峡后续工作以来，其主要负责三峡后续工作规划的组织实施、综合协调和监督管理；三是三峡库区覆盖了作为长江上游经济中心的直辖市——重庆市的主体部分，三峡库区经济社会发展是重庆市发展的集中缩影，库区的任何变动都牵动着重庆市的发展。

经济独特性是指三峡库区是一个典型的空间区域二元经济结构。库尾地区经济高度发达，经济体量大，经济服务化程度高，而库腹、库首地区是我国西南地区乃至西部地区国家级、省级重点扶贫连片区域，人口密度大，贫困人口发生率高，二元经济结构突出。

社会独特性是指库区的移民安稳致富问题具有复杂性。三峡工程牵涉百万移民，移民安稳致富一直是三峡工程建设的重要目标，实现移民安稳致富是三峡库区建设的一个长久课题。一方面，库区移民规模巨大，根据移民工程验收结论，截至 2011 年底，三峡库区实际移民搬迁建房人口 129.64 万人，创下世界水利水电工程移民之最[①]；同时，鼓励和引导了更多的农村移民外迁到库区以外的农村进行安置，移民数量较多。截至 2008 年底，包括政府组织外迁、自主外迁类型，全库区共外迁农村移民 16.88 万人（周银珍等，2011）。另一方面，全国对口支援库区移民规模空前，包括上海、江苏、湖南、山东、浙江等 21 个省（自治区、直辖市）。此外，库区移民还面临缺少合适的移民安置地点和移民配套保障体系复杂等难题。

文化独特性是指库区文化的多元性。三峡库区文化是中国文化体系的重要组成部分，体现了悠久的发展历史、独特的地域文化韵味、纷繁璀璨的文化种类、极具开放与包容的文化魅力等显著特征。库区复杂的历史背景使其具有深厚的红色文化、民族文化、三国文化和移民文化，其中，在三峡百万移民伟大实践中孕育出了"顾全大局的爱国精神、舍己为公的奉献精神、万众一心的协作精神、艰苦创业的拼搏精神"的三峡移民精神。129.64 万城乡移民发扬三峡移民精神，舍小家、顾大家、为国家，谱写了一曲曲自力更生、艰苦创业的凯歌，诞生了一批批安稳致富、劳动致富的典型，充分展示了移民群众的伟大自主能力和高尚的爱国情怀，书写了壮丽的三峡移民篇章。

环境独特性是指三峡库区是重点生态功能区。三峡水库回水末端紧邻长江上游珍稀特有鱼类国家级自然保护区，是许多珍稀濒危动植物的家园和生物多样性的宝库，也是我国最大的战略性淡水资源库。同时，库区下接中下游江湖复合生态系统，是流域生态环境保护和修复的主控节点，对流域生态环境变化和江湖关系演变具有重要的调控作用，维系着整个长江流域的生态平衡稳定。

地理独特性是指三峡库区是多个地理单元交接区。三峡库区分别是我国地势第二、第三阶梯的交接区，是长江中上游的交接区，是秦巴山区和武陵山区的交接区，是川渝鄂陕跨省市交接区。多元的交接区在某种程度上造成了三峡库区的

① 审计署：长江三峡工程竣工财务决算草案审计结果. http://www.gov.cn/gzdt/2013-06/07/content_2421795.htm [2019-12-20].

历史地理、自然地理、人文地理等多元化与边缘化的特殊性。

　　这六大独特性一起构成了三峡库区地理单元的独特性，促成了三峡库区独特的地理单元和重要的战略地位（图 1-1）。

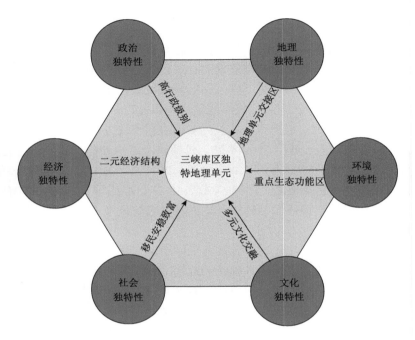

图 1-1　三峡库区独特地理单元"六位一体"的体系

2 关键概念及理论基础

本章将对本书的若干重要概念进行辨识和界定，厘清其理论基础，并对国内外有关研究文献进行系统梳理，为下文开展对三峡库区环境-经济-社会复合生态系统的深入研究打好理论根基。

2.1 关 键 概 念

2.1.1 耦合和耦合度

耦合本是物理学中的术语，指两个或两个以上的系统或运动形式通过各种相互作用而彼此影响的现象（廖重斌，1999）。耦合度恰是描述系统间或系统内部要素间彼此相互作用影响的程度指标（吴文恒和牛叔文，2006）。本书阐述的耦合现象正是三峡库区环境、经济、社会三大子系统之间相互影响、相互作用的强弱程度，三者之间相互影响、相互制约，构成了一个复合的耦合交互体，一方面库区的环境保护需要库区经济增长和社会进步予以支持，另一方面库区的经济增长不能超出库区的环境承载力，须考虑库区环境的经济约束作用，同时库区社会发展是库区环境保护和经济增长的稳定器，若没有库区基本公共服务的提升，库区就不会有一个宽松的社会环境来推进生态文明和经济建设。总而言之，三大子系统之间相互制约、相互影响和相互耦合。耦合度则是衡量库区环境-经济-社会复合生态系统的耦合作用程度的指标，耦合度可大可小，无利害之分。

2.1.2 耦合协调和耦合协调度

耦合协调是指两个或两个以上的系统或运动形式在相互耦合的基础上，系统间或系统内部要素间的一种良性相互关联和良性循环态势，是系统间或系统内部要素间良性循环、和谐一致、配合得当的关系，是系统间或系统内部要素间保持健康可持续发展趋势的必要条件（廖重斌，1999）。耦合协调度恰是衡量良性相互关联程度大小、反映系统间或系统内部要素间协调发展状况好坏程度的指标。耦合协调度属正向指标，表示系统间或系统内部要素间的协同发展程度，数值越高代表其协同发展越健康（吴跃明等，1996）。本书所指的三峡库区环境-经济-社会复合生态系统的耦合协调发展状况即三峡库区环境、经济、社会三大子系统间相互协调、相互促进的协同发展状态，三峡库区环境承载力增强、经济增长速度加快、社会公共服务水平提升。库区生态环境可为库区经济发展和社会进步提供良好的自然条件，库区经济发展可为库区生态环境保护和社会事业发展提供充足的资金支持，而库区社会公共服务水平的提升则为库区环境保护建设和经济建设提供一个和谐稳定的人文环境。

2.1.3 环境-经济-社会复合生态系统

复合生态系统是指两个或两个以上性质相近的系统在一定条件下，通过系统间的能量流、物质流和信息流的超循环，结合成一个新的更高层级的结构功能体，也即耦合系统，其本质是系统间因果关系作用的结果（刘耀彬等，2005b）。如图 2-1 所示，环境-经济-社会复合生态系统是由环境子系统、经济子系统和社会子系统耦合而成的大型综合系统，每个子系统内部及各子系统之间的作用反馈机制共同维持决定着整个系统的耦合协调发展。在环境-经济-社会复合生态系统中，环境子系统是主体和基础，维系着整个复合生态系统的稳定和安全，但是其主体和基础地位又是十分脆弱的，极易受到经济子系统的胁迫；经济子系统是主导，决定着复合生态系统的发展走向，通过主动获取环境资源实现自身发展，同时反作用于环境子系统和社会子系统，对环境子系统产生胁迫或保护作用，对社会子系统起着支撑作用；社会子系统则是目的和归宿，整个复合生态系统耦合协调发展的最后目的是实现人类的全面发展和社会进步。没有社会子系统的发展，环境子系统再健全，经济子系统再发达，也是没有任何意义的。复合生态系统的发展成果须使每一个社会成员可以共享，方能实现复合生态系统的全面协调可持续发展。

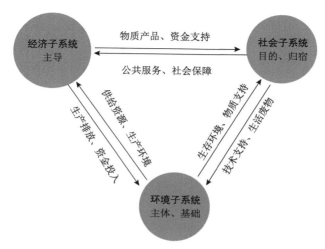

图 2-1　环境、经济、社会子系统间互动关系

2.2　理论基础

2.2.1　系统科学理论

系统科学理论以一般系统论的创立为标志，其基础与核心是冯·贝塔朗菲创立的一般系统论。一般系统论指出：系统是与环境发生关系的具有一定联系的各个组成成分所构成的总体（冯·贝塔朗菲，1987）。此后各国学者也对此进行了研究，其中钱学森指出：系统是由相互作用和相互依赖的若干组成部分结合而成的具有特定功能的有机整体（上海交通大学，2005）。该定义也得到了广泛认可。

总体而言，系统具有以下三大特性。一是整体性，每个系统都是由部分组成的有机整体，整体的性能要优于组成整体的各部分性能之和（李愿，1999）；二是有序性，在自组织作用下，系统在开放条件下不断与外界进行信息、物质和能量的交换，促进系统从无序状态逐步向有序状态演化（程强和石琳娜，2016）；三是复杂性，系统内部存在多重复杂关系，如要素关联性、多层因果关系、竞争与协同关系等，因此对系统的模拟与预测研究是一项十分艰巨的任务（范冬萍，2018）。

2.2.2　协同理论与自组织理论

协同理论是系统科学的重要分支理论，是 20 世纪 70 年代成长起来的一门新兴学科。哈肯（Hermann Haken）是该理论的创立者，他最早于 1971 年提出协同的概念，且于 1976 年系统论述了协同理论，并著有多本协同理论著作。哈肯认为，在整个世界中，不同属性的不同系统并非孤立存在，之间存在相互影响及相互合作的关系；就系统内部各要素而言，每个系统各要素相互作用、相互联系并相互依托，实现组织化、有序化和规范化，使系统的整体功能大于各要素功能之和（哈肯，1989）。

自组织理论与协同理论紧密相关，自组织能力是系统形成一定有序结构的推动力。自组织理论认为，系统内容与结构的复杂性使其在发展与演化的过程中呈现非线性、非平衡性等自组织演化特征，系统内部要素间的非线性相互作用和非平衡涨落促使自组织有序演化，从而促进系统从无序状态向有序状态演化，逐步形成协调发展态势（尼科里斯等，1986）。这种协调发展态势能更好地促进经济发展与社会进步，类似于控制论中的良好的控制作用和反馈机制，特别是负反馈机制，系统间的偏差逐渐收敛趋于零（Loehle，2006）。

2.2.3 可持续发展理论

工业化快速推进的过程中，产生了严重的生态环境问题，人们开始探索生态环境、经济及社会和谐发展的模式，并逐步衍生出"可持续发展"理念（卡林沃思和纳丁，2011）。1987 年，挪威首相布伦特兰夫人在提交到联合国世界与环境发展委员会的《我们共同的未来》（*Our Common Future*）一文中，正式提出了可持续发展概念。布伦特兰夫人为可持续发展下了一个权威的定义：既满足当代人的发展需求，而又不对后代人满足其自身发展需求的能力构成危害的发展。随后这一概念在 1992 年联合国环境与发展大会上被引用，当时联合国环境与发展大会与会国家达成了"保护生态环境，推进可持续发展"的共识，可持续发展成为人类对未来世界发展模式的重要选择。

具体来看，可持续发展包含多方内容。哲学上的可持续发展强调人与自然关系的协调，社会学上的可持续发展强调自然资源区域分配及代际分配的公平性，经济学上的可持续发展强调在不破坏生态环境的基础上实现经济发展。总体而言，可持续发展以"协调"为目标，以"公平"为重点，以"发展"为核心，致力于实现生态环境、经济、社会的统一发展（李发珍，2007）。

2.3 可持续发展研究

可持续发展是当今世界关注的焦点问题之一。可持续发展研究主要是应对长期以来由于经济社会迅速发展从而引发的人口高速增长、资源迅速消耗、环境不断恶化、贫富悬殊日益扩大等尖锐的矛盾和问题。国际上关于可持续发展评价指标体系的研究成果出现较早。1992 年，在联合国环境与发展大会上，各国同意实施《联合国可持续发展二十一世纪议程》①，以共同推进全球可持续发展战略的进程。可持续发展指标体系作为实施可持续发展战略的重要工具，受到各国际组织、国家的重视，并从不同价值观、不同角度、不同国情出发，进行多方面探讨。

2.3.1　可持续发展指标体系

刘传祥等（1996）通过对可持续发展概念与内涵的深度分析，认为可持续发展指标体系的建立一般要遵循以下七条原则：整体完备性原则、科学性原则、可操作性原则、区域性原则、层次性原则、动态性与稳定性相结合原则、相对独立性原则。刘求实和沈红（1997）则从区域角度出发，提出了科学性原则、客观性原则、简便性与可行性原则、引导性原则、可比性原则等五条原则，该五条原则在区域可持续发展指标体系建立中得到广泛应用。我国作为一个农业大国，刘月珍（1998）专门针对农业的可持续发展提出一套指标体系构建建议，在遵循可持续发展指标体系一般原则基础上，突出科技化、大数据量等。

国外也有众多学者针对可持续发展指标体系的构建展开研究。其中，关于可持续发展指标体系构建原则的探讨，时空性、可预测性、价值性、可逆性或可控性、整合性、公平性、可获得性和可用性八项原则有着较为广泛的影响。如何更加科学地对区域可持续发展的状况与成效进行评价也是目前研究的热点话题之一。基于此，Waekernagel（1999）提出生态足迹的概念及模型。该模型主要用来计算某一区域能够继续维持人类正常生产生活所需的生物生产性土地面积，并认为，随着人类活动的扩大、经济社会的发展，生态足迹将扩大，与当地环境承载力的差距也随之拉大。1999 年后，生态足迹概念被引入我国，学者应用该方法逐渐展开对区域可持续发展状况的评价研究。张芳怡等（2006）提出了基于能值分析理论的生态足迹计算模型，并针对江苏省的生态经济系统环境状况展开评估，所得计算结果与传统生态足迹模型的计算结果相一致，但改进生态足迹模型的计算结果，能更真实地反映生态经济系统的环境状况。成海涛和余传明（2013）在传统生态足迹模型的基础上，引入了能值分析理论，建立了更加完善的"能值-生态足迹模型"，对 2001～2010 年吉林省的生态承载力和生态足迹进行计算后发

---

① 联合国可持续发展二十一世纪议程. https://www.un.org/chinese/events/wssd/chap34.htm[2019-12-21].

现：在这 10 年里，吉林省的人均能值生态赤字在逐渐增加，与现代经济发展的可
持续性相悖。

可持续发展指标体系的一个重要功能是定量评价和预测一定区域内的可持续
发展状态和趋势。现有指标主要从经济、社会、生态、宏观调控等方面评判一国
或地区可持续发展的能力。其中较常见的指标类型有以下几种。①单一指标类型。
联合国开发计划署在《1990 年度人文发展报告》中首次提出人类发展指数（human
development index，HDI），选择收入水平、期望寿命指标和教育指数三个指数作
为衡量指标。1995 年，世界银行提出新的国家财富指标，包括生产资本、自然资
本、人力资本、社会资本四大要素。该指标主要反映一国财富的主体状况。②综
合核算体系类型。联合国组织开发的综合环境与经济核算体系（System of
Integrated Environmental and Economic Accounting，SEEA）就是将资源环境纳入
核算体系，建立资源环境与经济增长的关系，以此来反映可持续发展状况。荷兰
则将国民经济核算、环境资源核算、社会核算三者有机结合，以此建立综合核算
体系来衡量一个国家的可持续发展状况。其中，环境资源核算基于环境资源投入
产出模型，将资源消耗与污染物排放进行对比分析，以此反映环境资源的可持续
性；社会核算衡量居民时间的分配与利用，以及居民在劳动市场中的价值。尽管
此类型指标覆盖范围广，能较为全面地反映社会、环境、经济的状况，但是如何
将这类指标恰当地进行货币化换算是该指标体系存在的主要问题。③菜单式指标
体系类型。例如，联合国可持续发展委员会（Commission on Sustainable
Development，CSD）则从社会、环境、经济、制度四方面入手，建立了可持续
发展指标体系一览表，在众多国家及地区得到广泛应用（吴颖婕，2012）；1996
年，美国政府根据可持续发展的目标、关键领域提出了包含健康与环境、经济
繁荣、平等、保护自然等十个可持续发展目标体系（陈年红，2000）。除此之
外，还有如"压力-状态-反应"指标类型等其他指标类型（彭德芬，1999）。

2.3.2 区域的可持续发展

（1）农村可持续发展。由于我国农村人口众多，乡村区域面积广大，不少学
者就乡村区域可持续发展展开了系列研究。张文（2018）以山东省 12 个行政村为
研究对象，在定性分析各区域实际状况的基础上构建"生产-生活-生态"系统协
同度模型，再定量对乡村"生产-生活-生态"协调发展水平进行评价。李彦星等
（2016）指出，乡村环境敏感度高、脆弱性大，解决如何对乡村景观进行更科学、
更生态地规划问题迫切重要。王昌森和董文静（2018）以山东省为例，认为农业
可持续发展是实现乡村振兴的关键策略，各地各政府应该因地制宜、因时制宜地

调整农业资源保护政策，完善农业产业结构调整政策，最大限度地鼓励、支持发展现代化绿色农业。陈谨（2011）认为，旅游业是当前众多乡村发展的重点产业，但是其对生态环境和自然资源造成的危害与破坏不容小觑，并基于可持续发展理念，从机制、技术、产业3个层面出发，构建了4种乡村旅游可持续发展模式，兼顾乡村旅游的经济和生态效益。农村主要的自然资源是耕地。朱木斌（2007）指出，为了保护土地资源，减缓浪费和污染现象，应将保护土地资源的手段从直接行政管制转到依靠市场和富有激励效应的制度上来，加大支持力度。邱家宝（2017）认为，农村经济在可持续发展过程中面临着自然资源开发过度、开发效率不高、产业结构不合理等诸多制约因素，建议及时加快农业产业化发展进程，着力推动农业科技创新，加强对龙头产业的培育，大力发展循环经济，推动农村的可持续发展。

（2）城市可持续发展。程亚新和金本良（2018）以武汉市为例，基于2006~2015年数据，基于层次分析法测算城市环境可持续发展能力指数。结果显示，武汉市城市环境可持续发展能力稳中有进，逐渐步入国际中等水平。张岩鸿（2008）研究指出，大城市中心城区要实现可持续发展，其模式定位应该是大力优化软、硬环境，全力打造具有特色的高品质现代工作和生活空间，以具备特色的城区规划为载体，以建立区域性的中心城区品牌为重点，以信息化服务型政府建设为主线，助力城市可持续发展。杨东峰等（2012）则在历史—系统的新方法之上，重新从经济、社会、环境之间逐级依赖的现实模型出发，构建一种以嵌套—融合为特征的理想模型，能更好地解决城市不可持续发展问题。蒋艳灵等（2015）在系统国家宏观环境政策的基础上指出我国生态城市建设中遇到的问题。结果显示，大部分生态城市建设成效显著，但污染源分散化、产业结构不优化等问题突出，建议要高度注重规划建设区对区域经济社会与自然环境的影响，进一步编制城建、环保等相关部门有效的区域性主体功能区规划。

（3）资源型区域可持续发展。王根索和侯景新（2001）对我国资源型产业和资源型区域出现的问题加以分析，探索资源型区域的可持续发展道路。贾宏俊和顾也萍（2001）以芜湖市为例，在土地资源利用现状、特点和当前人口食物消费水平的基础上分析了土地现实生产能力，通过一元线性回归模型与灰色系统GM（1,1）模型，从温饱型、宽裕型、小康型与富裕型4种消费水平分别探讨了预测期内芜湖市土地资源人口承载力状况，并从保持耕地总量动态平衡、提高粮食单产与质量及控制人口增长等方面提出了可持续发展对策。秦裕华（2002）以资源利用、环境保护为基点，从自然资源、环境及工农业发展等角度对新疆绿洲经济进行了分析，并对实现新疆资源型经济的可持续发展提出了相应的发展思路和对策。

（4）区域可持续发展评价。曲建君和张春霞（2002）利用因子分析法，对南平市可持续发展能力建设进行了因素分析，力图用更直观、更令人信服的数据来说明系统中各个发展因子的相互关系，并借此实证来探索地市级区域可持续发展能力建设评价的思路与方法。李辉（2004）建立城市可持续发展评价指标体系，为城市可持续发展提供科学依据。万咴凯等（2006）以襄樊市为例，从自然资源、环境、社会、经济等方面，根据区域发展的实际情况，提出了可持续发展的战略对策。张建清等（2017）借助驱动力-压力-状态-影响-响应方法来构建中国可持续发展能力评价框架，利用熵值法、层次分析法和证据理论合成的方法、超效率数据包络分析模型测度可持续发展效率，并对中国可持续发展效率的影响机制进行分析。朱婧等（2018）对标可持续发展目标的各项目标和具体目标，构建了一套适用于中国国家层面可持续发展进展评估的指标体系，旨在形成对中国落实联合国 2030 年议程的评价指标建议，综合运用层次分析法、专家咨询法构建了针对民生改善、经济发展、资源利用、环境质量综合评价的指标体系，评估了中国可持续发展水平。王成等（2019）从经济发展、生产生活、生态环境三个方面构建乡村人居环境可持续发展力的评价指标体系，运用发展水平（衡量乡村人居环境可持续发展态势）、发展效率（反映乡村人居环境发展趋向可持续的快慢程度）和协调指数（反映各子系统发展水平均衡程度）构建乡村人居环境可持续发展力测度模型，分析了乡村人居环境可持续力并探究了其时空分异特征。

2.3.3 产业的可持续发展

随着环境问题的加剧和全球经济增长趋缓，学者逐渐关注产业可持续发展领域。产业可持续发展是在可持续发展理论的基础上进一步发展起来的，是可持续发展理论的发展深入，其不是单方面的经济增长或者生态环境的保护和改善，而是强调经济增长和生态改善二者之间的协调发展，在以注重保持资源和环境的质量为前提的条件下，产业由低级向高级不断演进的历史过程。相关研究主要囊括产业可持续发展指标体系的构建、具体产业与可持续发展的融合以及产业可持续发展与生态协调水平的测度等方面。

（1）产业可持续发展指标体系的构建。产业可持续发展指标体系的构建不能仅仅从经济发展的水平测度，而是要从生态环境、经济发展、社会影响等多维度对产业可持续发展的整体运行绩效进行衡量评估。丁文广等（2019）以"人口-资源-经济-社会-环境"框架模型构建农业可持续发展评价指标体系，采用熵值法和耦合协调模型，揭示 2005～2015 年甘肃省农业可持续发展水平及农业系统的耦合协调性。马延吉和艾小平（2019）基于联合国 2030 年可持续发展目标构建城镇化可持续发展评价指标体系，从省内、省外两个角度研究吉林省城镇化可持续发展状况。韩满都拉（2019）以内蒙古高原温带草地为研究对象，通过构建畜牧业可持续发展评价指标体系，采用熵权系数法确定各指标权重，进而通过加权函数法计算可持续发展指数综合评价值。陈瑜（2010）采用规范分析与实证研究相结合的方法，从经济、社会和生态环境3个维度出发，选取27个指标建立了评价指标体系，并对长株潭城市群的生态化发展水平状况进行了典型案例分析。结果显示：2000～2008年，长株潭城市群的经济生态现代化水平较高，环境生态现代化水平次之，社会生态现代化水平最低。鲍丽洁（2012）则基于经济、资源、生态环境、产业关联与共生4个维度综合构建了产业生态系统的产业园区建设评价指标体系，并结合香河经济技术开发区的发展状况对其运行绩效进行评估。结果表明，香河经济技术开发区的产业生态经济系统正在不断优化完善过程中。除了上述研究方法，还有学者利用层次分析法、灰色关联分析法、主成分分析法等构建产业可持续发展评价体系。袁增伟等（2004）从产业经济、社会和环境效益最大化的角度建立了基于层次分析法的生态产业指标体系，并对江苏省纺织、造纸及纸制品、化学原料及化学制造、化学纤维制造及金属制品业的生态化水平做了对比评价。结果表明，江苏省产业生态化程度总体较低，主要原因是产业社会效益和产业效率较低。顾在浜等（2013）利用 R 聚类-灰色关联度分析相结合的方法定量筛选相关指标后，从绿色生产、绿色消费、绿色环境3个维度，构建绿色产业评价指标体系。李圣华（2011）选取了沿海省市产业发展环境的典型指标，运用主成分聚类分析方法对我国三大主要的经济圈（环渤海地区、长江三角洲地区、珠江三角洲地区）中的11个省市进行了产业可持续发展环境评价。

（2）具体产业与可持续发展的融合。林媚珍和张镱锂（2000）阐述了林业可持续发展的基本内涵，以及林业可持续发展的主要问题，构建了海南林业可持续经营管理的基本模式，并对海南林业可持续发展提出了相应的对策措施。冯宗容（2000）认为，在新的世纪来临之际，中国农业的可持续发展问题日益突出。史光华和孙振钧（2004）以畜牧业发展过程中暴露的主要问题为着眼点，从资源承载和系统功能整合两个方面对畜牧业发展存在的深层次问题从理论上进行分析探讨。何晓岚等（2005）认为，家族系统和企业系统是与家族企业可持续发展紧密联系的两个系统，家族企业的可持续发展要均等地对待这两个系统。张准（2006）认为，中国的农业发展应走集约化、绿色化、多样化的可持续发展道路。胡美伦（2006）论述了西南民族地区农业发展的现状，并以凉山州冕宁县为例，分析其有利条件以及农业发展的制约因素，提出了推进冕宁县乃至整个西南民族地区农业可持续发展的几点思考。贺旺（2019）提出，新西兰的成功经验对像四川这样的农业大省和梓潼这样的农业类区县具有十分重要的借鉴意义。

（3）产业可持续发展与生态协调水平的测度。大量研究中主要采用的测度方法有协调度模型、哈肯模型、环境库兹涅茨曲线模型等。Albino 等（1998）将投入产出法引入意大利北部地区的陶瓷产业研究中，他们从生产、消费和回收的全过程来分析资源消耗、环境破坏对经济发展的影响，并进一步预测了经济、资源及自然环境的相互作用问题。我国学者傅云月（2005）运用综合指数评价法（evaluation of composite index，ECI）探讨产业生态化对企业竞争力构成因素的影响，结合具体案例的实证分析，提出了产业生态化背景下我国企业竞争力的提升及推进产业生态化实践的政策和建议。郑季良和彭晓婷（2018）通过构建化工、建材、冶金和火电产业两两组合的产业间生态效率协同模型和高耗能产业群资源效率子系统与环境效率子系统协同模型，测度高耗能产业群复合生态效率系统协同发展水平。研究发现，高耗能产业之间复合生态效率的协同度，以及高耗能产业群资源效率子系统和环境效率子系统的协同度均呈现上升态势，同时高耗能产业群生态效率协同度高于高耗能产业间生态效率协同度。此外，王文举和李峰（2015）运用灰色关联度分析方法和距离协调度模型构建了发展度指数、协调度指数和协调发展度指数等3个成熟度测度指数，分析中国工业碳减排成熟度，发现中国工业碳减排整体发展度指数、协调度指数和协调发展度指数均呈持续增长趋势。

2.3.4 自然资源、地理的可持续发展

人类社会生活生产不可或缺的资源有两类：一类是可再生资源，另一类是不可再生资源。随着工业革命开启，特别是第二次世界大战以后，世界各国迫切想要尽快重建家园，恢复自身经济实力，对经济的快速发展表现出了从未有过的狂热追求。在传统工业文明发展模式下，人们更注重的是经济增长的速度，把工业的增长作为衡量发展的唯一尺度，忽视了经济增长是否顺应自然发展的规律，是否有悖自然法则。高投入、高消耗、低产出的粗放发展模式必然需要大量的自然资源支持。国际能源署发布的《全球能源和二氧化碳现状报告2018》显示，2018年，世界一次能源消费总量为143.01亿t油当量，该年增速接近2010年以来年均增速的两倍，主要驱动因素包括世界经济的持续增长和部分地区由于天气原因带来的能源高度消耗[1]。依赖大量有限的自然资源消耗所换取的经济增长模式必然不是长久之计。如何在资源日益短缺的情况下，在不破坏生态环境的前提下，合理地利用资源，实现经济-环境的利益最大化成为社会研究的重要议题之一。

（1）自然资源可持续利用。自然资源分为再生资源和不可再生资源两类。1988年，李鹏总理题词"大力开发利用再生资源，支援国家建设"，正式提出"再生

---

[1] 国际能源署发布《全球能源和二氧化碳现状报告2018》. http://www.chinacaj.net/i,16,9246,0.html[2019-06-20].

资源"的概念。一些学者就再生资源的概念和内涵进一步做了阐释扩充。叶文虎（2001）认为，再生资源产业是由废弃物回收产业、垃圾分类收集产业、废弃物加工处理、再利用产业等构成的综合系统产业。崔铁宁等（2011）提出，再生资源是在生产和消费过程中产生的已经失去原有全部或部分使用价值，经过回收、加工和再利用等环节，能够重新获得使用价值的各种废弃物质。周宏春（2008）进一步说明了再生资源产业的基本构成，指出再生资源的回收与加工利用是其中两大核心组成部分。韩业斌（2018）采用层次分析法对再生资源可持续发展水平进行评价，通过计算，得到我国再生资源产业可持续发展指标的发展水平。郭素玲（2015）就我国农村可再生资源的可持续发展展开探讨，并提出相应的改进举措。王东殿（2018）以庆阳市为例，总结了庆阳市可持续发展背景下，转型发展过程中资源型产业拓展和新引入的不依赖不可再生资源的产业及存在的问题，并为类似资源型城市转型提出发展策略。

（2）地理可持续发展。地理资源作为人类赖以生存的基本资源和环境条件，包括人们专门种植农作物的农用耕地，以及建筑用地等。大量学者就地理资源与可持续发展展开研究。覃佐彦等（2002）通过参加土地整理规划工作，并结合国内外可持续土地整理方面的资料与成果，建立土地整理可持续发展评价体系。韩清和李霞（2000）阐明了地理信息资源与可持续发展的关系：地理信息资源中包含专题地图、数据、科学研究报告等，不仅涵盖了人口、自然与环境的各要素，而且直接影响着社会经济众多领域的发展，是帮助人类更全面认识地球系统、节约资源、保护和改善环境的重要信息来源和工具支撑。刘玉和刘毅（2003）提出包括基础系统、协调系统与潜力系统在内的区域可持续发展评价体系，旨在以基础-过程-潜能为主线，资源、经济、社会、生态环境为基本要素单元，并结合外部介入因素对一个地区的可持续发展进行评价，分析了世纪之交长江流域可持续发展的态势，并与沿海经济带及全国其他省区进行了比较。李发耀（2015）认为，地理标志是一项成熟的原产地资源保护制度，与生物资源保护有着密切的关系；通过有效设计及充分利用地理标志制度，能够对生产基地的生物种群及群落保护、土壤利用、环境污染治理、重金属超标控制、农药残留控制等起极大的促进作用，促进可持续发展。胡曼和周真刚（2017）完善制度建设，使村寨走上法治化发展道路；坚持发挥政府的主导、引导和统筹协调作用；创新村寨的发展模式，保护和利用并行；加大对少数民族群众的技能培训，提升自我发展能力；动员社会力量广泛参与，整合利用多方资源；提高重视程度，促进民族传统文化的活态传承，提升特色村寨的可持续发展能力。祝恩元等（2018）构建了科技创新与可持续发展综合评价指标体系，运用耦合协调度模型，对山东省17个地市科技创新与可持续发展的综合水平、耦合度、耦合协调度进行了空间分析与类型划分。

2.4 环境−经济−社会复合生态系统耦合研究

2.4.1 环境−经济系统耦合协调发展

1. 国家或区域经济与环境系统的耦合协调关系研究

Wang 等（2007）以干旱区绿洲城市为例，建立了概念框架模型，阐述了城市环境耦合的基本依据，研究了城市经济发展与生态环境的相互耦合关系。吴玉鸣和张燕（2008）运用熵值法和耦合协调度模型对中国 31 个省级行政区划单位的经济增长与环境的耦合协调发展的时空分布进行了研究。研究发现，东部大部分区域的耦合协调程度普遍高于中西部地区，经济增长是影响区域耦合协调程度的主导因素。王辉和姜斌（2006）以协调发展论为基础，采用协调发展度计算公式对沿海城市生态环境与旅游经济的协调发展进行了定量评判。邓维等（2005）利用协调发展的相关计算模型对镇江市 1999～2002 年协调发展的动态变化作出了评价，并在此基础上提出了针对性的对策与建议。马丽等（2012）构建了中国区域经济发展同环境污染耦合度的评价指标体系，运用耦合协调度模型，对中国 350 个地级单元的经济环境耦合协调度进行了空间格局分析，发现中国经济环境系统整体处于低耦合、低协调状态，东部沿海都市经济区和中部重要人口产业集聚区的耦合协调度较高，而西部偏远地区和东中部偏远地区的耦合协调度较低，经济系统是经济和社会系统耦合协调的主导因素。杨峰和孙世群（2010）基于协调发展理论构建了环境−经济协调发展评价指标体系，运用层次分析、熵值法和协调发展度模型对安徽省环境与经济协调发展状况进行了纵向的动态对比分析，发现安徽省环境与经济协调发展呈现由不协调发展—中级协调环境滞后型发展—良好协调经济滞后型发展的演化轨迹。Ma 等（2013）测度了中国 350 个县级行政单位区域经济发展和环境污染的耦合协调程度，并将测度结果分为四大类，即经济环境和谐型、经济环境磨合型、经济环境拮抗型和低水平耦合协调型，发现大多数地方经济发展和环境污染单位仍处于低水平耦合协调阶段。江红莉和何建敏（2010）建立了区域经济与生态环境系统协调发展的动态耦合模型并对江苏省经济与生态环境系统的协调发展进行了研究。结果表明，江苏省的经济系统综合发展指数呈快速上升的趋势，生态环境系统综合发展指数在曲折变化中缓慢上升，经济与生态环境处于协调发展状态。盖美等（2013a）基于辽宁省经济发展系统与生态环境系统的发展速度，分析了二者的耦合发展，发现经济发展速度呈现 U 形趋势，而生态环境系统和经济发展与生态环境系统的耦合度则呈现倒 U 形趋势，经济发展与生态环境发展速度并不协调同步。徐成龙等（2013）以山东省为例，选取了能源消耗、化学需养量排放、二氧化硫（SO_2）排放和工业固体废物排放 4 个指标，通过计算，得到了山东省的资源环境基尼系数和绿色贡献系数，运用耦合协调模型来评价经济发展与资源环境耦合协调水平。关伟和王宁（2014）研究沈阳经济区环境与经济系统的耦合协调程度，发现沈阳经济区经济发展对生态环境的胁迫作用与生态环境对经济发展的约束作用都较大，耦合度最高的表现为东北部的抚顺、铁岭等城市，其次是南部的鞍山、本溪等城市，而中部及西北部的沈阳营口等城市的经济环境耦合作用较弱。张荣天和焦华富（2015）采用改进的熵值法和耦合协调度模型评价长江三角洲经济发展与生态环境系统的耦合协调程度，发现二者之间的耦合协调程度呈上升态势，但是经济系统与环境系统综合评价得分显现出负相关关系。牛亚琼和王生林（2017）以甘肃省为例，运用系统耦合协调度理论，通过构建双系统发展多指标综合评价体系，发现甘肃省脆弱生态环境和贫困耦合协调度整体呈上升状态，且耦合协调度空间分布不均衡，脆弱生态环境与贫困共生共存，需充分重视和保护贫困地区生态环境。王婷等（2017）以北京市为例，通过协调度模型分析计算经济系统与水环境系统耦合程度，运用超越对数随机前沿生产函数对城市水资源利用效率进行测算，发现经济系统与水环境系统的协调发展指数整体呈上升趋势，经历了基本协调、良好协调、优质协调和完美协调 4 个阶段，经济系统与水环境系统的耦合度与水资源利用效率基本保持一致，整体呈上升趋势，且水资源利用效率随着系统间耦合度的提高而提高。蔡振饶等（2018）借助协调发展度模型，通过构建经济发展和水资源环境综合指标体系，对贵阳市的经济发展与水资源环境交互耦合作用关系进行了定量研究。结果发现，经济发展与水资源环境协调发展度总体上呈线性的增长趋势，协调类型逐渐从严重失调转变至优质协调。

2. 区域产业与环境系统的耦合协调关系研究

区域产业与环境系统的耦合协调关系研究主要集中在旅游业与区域生态环境的耦合协调关系以及区域产业结构与区域环境系统耦合关系的研究。崔峰（2008）研究了 2000～2006 年西安市和上海市旅游经济与生态环境协调发展状况，结果西安市二者的耦合协调发展度总体呈上升趋势，上海市生态环境建设超前于旅游经济发展，生态环境质量改善明显。庞闻等（2011）基于复杂系统理论构建西安市旅游经济与生态环境耦合协调的评价体系，并运用耦合协调模型进行测度，发现西安市旅游经济与生态环境系统之间存在和谐互动、良性发展的正向耦合协调关系。杨主泉和张志明（2014）以桂林市为例，分析了桂林市旅游经济与生态环境的耦合协调状况，发现桂林市旅游经济与生态环境间存在相互影响、相互促进的耦合协调关系，但桂林市已进入生态环境滞后型发展阶段，需要加强环保建设。

Guan 和 Xu（2015）研究了辽宁省各地市能源效率和产业结构之间的耦合协调关系，发现除沈阳和大连外，辽宁省能源效率和产业结构的耦合协调度整体较低。舒小林等（2015）以贵阳市为例，研究旅游产业同生态文明城市的耦合协调关系，发现二者间的耦合协调程度逐步上升，但协调关系表现为生态文明发展滞后和旅游产业发展滞后交互出现，旅游产业对生态城市建设的引领作用不足。邹伟进等（2016）结合主成分分析法和耦合协调度模型对我国产业结构和生态环境的耦合协调关系进行了实证分析，发现二者的协调关系呈现出向好趋势，但仍处于较低的协调阶段，须大力发展低碳经济。李飞等（2016）通过建构农业环境-经济系统耦合模型及耦合度评价类型，建立环境压力水平、强度等方面的农业污染风险评价指标，以及农业经济水平、强度等方面的农业经济系统评价指标，运用因子分析法实证研究东部地区农业环境-经济系统耦合及其空间格局。吴炳丽等（2017）通过建立新疆维吾尔自治区畜牧业生态经济系统耦合协调发展评价模型，从生态、经济两个方面对畜牧业生态经济系统进行耦合协调分析，发现新疆畜牧业生态经济系统正逐步向好，但协调只是相对的，经济高速发展的背后，生态环境问题仍不容忽视。

3. 城市化与区域生态环境的耦合协调关系研究

刘耀彬等（2005a）利用协同思想构建了城市化与区域生态环境的耦合度模型，并分析了 1985 年以来中国城市化与生态环境耦合的时空分异特征。刘耀彬和宋学锋（2006）对江苏省 1990～2003 年城市化与生态环境耦合协调程度进行了测度，发现二者耦合度曲线基本呈 U 形，呈现由松弛到紧密再到协调的发展过程。乔标等（2006）在分析干旱区城市化与生态环境交互耦合关系的基础上，系统阐述了城市化与生态环境之间的交互耦合函数、耦合轨迹、耦合类型和耦合阶段。赵宏林和陈东辉（2008）以上海市青浦区为例，研究了城市与生态环境耦合关联度，发现青浦区城市化与生态环境的耦合关联度呈现出两个阶段，由低关联度走向高关联度，二者逐步进入并行发展的轨道。吴玉鸣和柏玲（2011）对 1985～2007 年广西壮族自治区城市化同环境系统的耦合协调度进行了测度和分析，发现二者的耦合协调历经了一个 S 形周期性变化，表明近年来广西壮族自治区的快速城市化进程对环境产生了愈来愈大的生态压力，须尽快采取措施缓解二者关系。Wang 等（2012）研究了山东省城市化和大气环境之间的耦合关系，发现当耦合度处于磨合阶段时，大气质量往往会得到显著改善。陈晓红和万鲁河（2013）深入挖掘了城市化与生态环境耦合的脆弱性与协调性之间的宏观作用机制，以期促进城市化与生态环境的良性互动。Ai 等（2016）采用耦合度模型测度了 1985～2010 年连云港市城市化和生态系统之间的耦合协调关系，发现城市化和生态系统间的耦合协调度呈先升后降的倒 U 形态势。宋学锋和刘耀彬（2005）利用耦合模型研究了该市城市化与生态环境耦合的现状和发展趋势。张郁和杨青山（2014）通过构建城市化利益指数、生态利益指数，提出诊断城市化与生态环境耦合关系的矩阵法、弹性指数法和数据包络分析法。孙平军等（2014）运用熵值法和压力-敏感性-弹性模型，对 2001～2011 年吉林省城市化发展与生态环境效益的耦合关系模式进行了分析。研究发现，城市化子系统与生态环境子系统交互耦合的总熵值具有与生态环境子系统总熵值相似的变化趋势，即具有相同的"拐点"和曲线形状。王少剑等（2015）对 1980～2011 年京津冀地区城市化和生态环境的耦合过程和演进趋势进行了定量分析。结果显示，京津冀地区城市化与生态环境的耦合协调度也呈现出 S 形变化态势，须进一步加快区域城市化进程，同时须更加注重改善生态环境。叶有华等（2014）建立经济环境协调发展评价指标体系，发现宝安区经济与环境的关系经历了经济滞后—环境经济同步—环境滞后的转变，经济-环境协调发展度总体呈先上升后下降再上升的变化特征。刘艳艳和王少剑（2015）基于"交互胁迫验证—动态耦合应用—协调类型判别"框架，构建了城市化与生态环境发展状态综合评价指标体系，运用交互胁迫模型和耦合协调度测算模型对珠三角地区 9 个城市 2000 年以来的城市化与生态环境交互胁迫关系和协调类型进行了实证分析，发现自 2000 年以来，耦合协调类型一直处于磨合发展阶段，系统协调模式属于生态脆弱型。汪中华和梁爽（2016）将压力-状态-响应模型引入构建城市化与生态环境耦合评价指标体系，通过构建耦合测度模型，对中国 30 个地区城市化与生态环境的耦合值进行量化测度。研究结果表明，我国生态环境受城市化影响显著，并且结果显示，我国城市化与生态环境耦合协调类型为基本协调，处于拮抗阶段向磨合阶段的过渡期。陈向等（2016）以典型污染物为指标，研究了经济发展与污染物排放的定量响应模式，以探讨污染物排放与城市化的耦合关系。刘传哲等（2017）通过构建城镇化与生态环境评价指标体系，运用耦合协调度模型、空间自相关等方法，对我国省（自治区、直辖市）城镇化与生态环境协调发展的时空特征进行分析，发现目前我国大多数省（自治区、直辖市）城镇化与生态环境处于勉强协调状态，为拮抗向磨合阶段过渡时期；各省（自治区、直辖市）的耦合协调度处于逐渐上升趋势，随着时间演化空间差异逐步缩小；城镇化与生态环境协调度在全局上表现出较强的空间依赖性，且其依赖性随着地理距离的增加而减弱。史戈（2018）借助关联度和耦合协调度模型，利用系统综合评价指标体系，实证分析了中国海岸带地区城市化与生态环境系统之间的交互耦合机制、时空演进特征和发展协调程度。结果显示，在城市化与生态环境系统间的关联中，人口城市化的生态胁迫最强；生态响应程度与城市化关联最为紧密；生态压力与响应呈此消彼长态势；城市发展从严重不协调向高级协调、城市化滞后向生态环境滞后类型转变。

2.4.2 环境-经济-社会复合生态系统耦合协调发展

1. 省级、地级市和县级等行政地理区域的环境-经济-社会复合生态系统耦合协调关系研究

周宾等（2009）对甘肃省各州市 2007 年经济-社会-环境耦合系统功能进行了评价。结果显示，嘉峪关、兰州和金昌三市的综合测评值大于 1，耦合协调度最高，其余则大都为 0.5～0.8，各州市复合生态系统的发展主要得益于城乡建设对经济发展的带动作用。段七零（2010）研究了 2007 年江苏省 52 个县域的经济-社会-环境系统的耦合协调性。结果发现，苏南多数县域处于高水平耦合协调阶段，苏北大部分县域则处于低水平协调或不协调阶段。耿慧娟和延军平（2011）研究了 2009 年陕西省各地市经济、社会、环境系统的耦合协调性。结果显示，大部分区域耦合协调性在中等水平以上，但各地市的综合水平普遍偏低，经济水平是决定综合水平的主要因素。熊鹰等（2013）从三维空间解析几何出发，对湖南省 88 个县域经济-社会-环境系统的耦合协调状况进行了实证研究，研究发现湖南省县域复合系统协调状况与其经济发展水平具有较强的相关性，同时县域子系统间的综合水平高低与其经济发展水平有显著的正相关关系。李辉（2014）对广东省 2000～2012 年广东省经济-社会-环境复合生态系统耦合协调度进行测算，将广东省经济-社会-环境复合生态系统耦合协调历程分为三个阶段：各子系统发展水平较低且整体耦合协调水平也较低的阶段（2000～2004 年），各子系统发展水平较低但子系统间的耦合协调性开始提升的阶段（2005～2007 年），各子系统发展水平较高且整体耦合协调度较高的阶段（2008～2012 年）。刘承良等（2014）建立了都市圈社会-经济-资源-环境系统评价指标体系，构建了系列社会-经济-资源-环境耦合作用模型，系统揭示了武汉城市圈社会-经济-资源-环境复合系统耦合作用的时空规律。

2. 流域、沿海及绿洲等涉水自然地理区域环境-经济-社会复合生态系统耦合协调关系研究

Martínez 等（2007）研究了世界海岸带生态、经济、社会子系统间的耦合协调关系，发现海岸带生态环境将面临一系列严重的问题，必须提前采取措施加以应对。高强等（2013）对山东省 2000～2012 年海洋经济-社会-生态系统耦合协调度进行了实证研究。结果发现，山东省沿海地区经济-社会-生态系统现处于弱度失调阶段，正向弱度协调阶段发展，整体协调度仍较低，生态系统是制约三者耦合协调度提升的瓶颈。梁静（2014）对河南省淮河流域社会-经济-水资源-水环境复合生态系统的协调发展度进行了分析，发现 2006～2012 年淮河流域社会-经济-

水资源-水环境复合生态系统耦合协调发展状况由低位-轻度失调逐步发展为中位-弱协调，呈上升发展趋势，但离高位协调仍有距离。王爱辉等（2014a）对2006～2011年干旱区县域绿洲城市乌苏市经济-社会-环境的耦合协调状况进行了研究，发现经济、社会与环境存在着天然的相互胁迫、相互耦合的机理，三者唯有协同共进，方可实现干旱区县域绿洲城市的均衡发展。王琦和汤放华（2015）对2000～2013年洞庭湖区生态-经济-社会复合生态系统的耦合协调发展进行了研究，发现尽管洞庭湖区的生态-经济-社会系统的耦合协调水平一直呈现上升状态，但距离高度协调仍有一定的差距，经济、社会子系统与生态子系统间的矛盾是影响整体协调发展的主要因素。陈婉婷（2015）运用耦合协调度模型与地理信息系统空间分析法，对2001～2012年福建省沿海六地级市的海洋生态-经济-社会复合生态系统的耦合协调发展情况进行了时空分析，发现除福州市和厦门市处于勉强协调阶段，其他地级市均处于弱度失调阶段，指出科技创新能力不足是影响福建省海洋生态-经济-社会复合生态系统耦合协调的关键因子。

3. 城市群、城市圈、经济区等经济地理区域环境-经济-社会复合生态系统耦合协调关系研究

李杰（2010）研究了2000～2008年长株潭城市群资源环境社会、经济各子系统的协调度。结果显示，复合生态系统的协调度变化近似直线增长，快速经历了不和谐、濒临不和谐、勉强和谐、良好和谐的4个阶段，但整个复合系统的和谐发展态势呈现出进步与矛盾并存的现象。赵文亮等（2014）对1995～2012年中原经济区经济-社会-资源环境复合生态系统的耦合协调情况进行了评价，发现中原经济区经济、社会与资源环境的耦合协调度呈稳步上升态势，但耦合作用强度一直处于拮抗阶段，经济、社会系统发展水平的提升对资源环境系统有损害甚至有牺牲的负向影响。王爱辉等（2014b）对天山北坡城市群2007～2011年经济、社会与环境协调发展状况进行了实证分析。结果表明，12个城市的协调发展程度在2008～2010年处于上升态势，2010～2011年处于平稳状况，城市间的经济、社会和环境系统的先天禀赋与后天竞争的不均衡，是城市群耦合协调发展水平不高的根本原因。余瑞林等（2012）对武汉城市圈1978～2009年社会经济-资源-环境系统耦合协调发展状况进行了评价，发现城市圈内城市的耦合协调曲线由金字塔形逐渐演变为纺锤形，耦合协调度不断提升。刘承良等（2009）以武汉城市圈为例，研究了都市圈经济-社会-资源-环境复合生态系统的耦合协调发展情况，发现各城市的耦合协调度与其经济实力呈显著正相关关系，形成中心—外围和等级板块复合空间结构。

2.4.3 三峡库区环境-经济-社会复合生态系统耦合协调发展

1. 经济发展的研究

经济发展研究的重点是对库区新型城镇化、破解产业空心化与绿色可持续发展路径的研究。刘顺国等（2007）考虑库区发展的主要问题及库区的战略定位，提出库区的发展路径必须是走新型工业化道路，发展循环经济。王文军（2007）通过实地调研库区发展情况，提出库区发展必须考虑资源、环境与经济的协调关系，构建生态工业园区，打造生态产业链，促进生态建设与经济发展相辅相成。徐建国（2010）从库区实际情况出发，提出实现库区经济社会健康可持续发展的关键是依靠科技进步，做大做强特色农业，建设绿色生态屏障。邵蕾（2013）认为，在后三峡时期，库区可持续发展的路径是走以生态文明为核心的工业化、农业现代化和新型城镇化协调发展道路，要更加注重移民安稳致富和生态环境治理。白慧（2015）研究了 2003～2013 年三峡库区城镇化、工业化与经济增长三者间的关系，发现仅库首地区三者间形成了良性互动关系，而库腹、库尾，尤其是库腹则无此种关系，提出应推动农业现代化，加强小城镇建设，打造产业集群和注重环境保护等政策建议，促进三者协调发展。

2. 环境与经济的协调发展研究

重点是对实现库区生态保护与经济增长双赢路径的研究。周孝华等（1999）认为，实现人口、资源、环境与经济的协调发展应大力开发智力资源，提升可再生资源的利用效率并加强技术进步和创新速度。万光碧（2007）认为，为搞好库区环境整治，实现库区经济与生态环境和谐发展，政府须加大对山地灾害整治的投入力度，控制并缓解水土流失、滑坡和崩塌等自然灾害所带来的危害，建立高效的灾害预警机制。郭培源等（2008）提出了一种新的思路来指导库区实现可持续发展，即可建立"三峡库区资源环境可持续发展决策支持系统"，探寻库区资源环境与经济可持续协调发展的新模式。余世勇（2012）认为，推动库区生态与经济同步建设须发展具有生态与经济双重功效的产业，同时强化科技和人才支撑并完善库区管理体制。李循（2014）研究了三峡库区的典型城市——万州区经济增长同生态环境的协调性，发现万州区由于第二产业比重过大、经济对资源依赖较大和资金投入欠缺等致使经济增长与生态环境的耦合协调度处于较低层次。

3. 社会与经济的协调发展研究

重点是对库区人口与经济增长的关系、移民安稳致富的研究。王冰洁和弓宪文（2003）认为，三峡工程规模庞大，移民"人多地广"（人口众多且分布范围较广），须同时关注三峡移民对库区经济发展的短期影响和长期影响，搞好库区移民的后续工作，方可实现库区可持续发展。金莹和宋玉波（2010）研究了库区移民的心态特征，根据移民心态虽多元但仍以积极为主、基层干部对政策落实不够、移民的利益诉求突出等情况，提出建立移民政策的动态监测体系，构建库区社会心理支持系统等库区后续扶持政策建议。孙元明（2011）对后三峡时期库区移民出现的若干社会问题进行了研究，认为非自愿移民和介入性贫困是产生库区社会问题的症结所在，提出完善体制机制、建设国家级生态经济区和建立社会风险预警系统等政策建议以妥善解决移民安稳致富问题。刘训美等（2013）研究了库区重庆段人口经济耦合指数的空间分布，发现库区人口与经济的空间集聚主要分布在主城和渝东北地区，库区人口与经济空间集聚分布不均衡，提出向渝东北地区倾斜产业政策以促进当地人口回流和经济发展。杨霏（2014）研究了1997～2012 年库区人口变动及其对库区经济增长的影响，发现库区仍处于"人口红利期"，但是人力资源流失严重，库区总抚养比及其增长率对经济增长的促进作用较大，并提出要提前防范"人口红利"弱化的不良影响，增加就业机会，健全社会保障体系。

2.5 本 章 小 结

本章对本书涉及的耦合、耦合度、耦合协调、耦合协调度和环境-经济-社会复合生态系统等若干重要概念进行了较为清晰的界定，阐明了本书的研究对象内涵，随后全面介绍了本书的理论基础，主要包括系统科学理论、协同理论和可持续发展理论，同时系统梳理了国内外学者关于可持续发展、绿色发展及环境-经济-社会复合生态系统间耦合协调发展的研究成果。纵观已有文献可知，关于可持续发展、绿色发展及耦合协调发展的研究较为丰富，但从复合系统角度进行研究的文献较少；研究区域大都集中在重点开发区和优化开发区，对限制开发区和禁止开发区的研究较少。因此，本书主要从环境-经济系统耦合协调发展、环境-社会系统耦合协调发展、经济-社会系统耦合协调发展及环境-经济-社会复合生态系统耦合协调发展几个维度进行研究。

3 三峡库区复合生态系统现状分析

第 2 章对耦合与协调等相关概念进行了界定,介绍了本书的理论基础,并梳理了已有的代表性研究成果,引出本书的学术必要性和重要性。自本章开始,将正式全面进入对三峡库区环境-经济-社会复合生态系统的研究,为此须对各子系统发展现状有一个基本的认识和判断。本章将对三峡库区环境-经济-社会复合生态系统的发展现状作基本介绍,为后文对三峡库区环境-经济-社会复合生态系统的定量研究成果提供一定的证据支撑。三峡库区复合生态系统现状分析旨在了解库区的环境-经济-社会复合生态系统发展的基本情况,有待更准确全面地分析后文的指标体系的构建,不过指标体系的构建仍是基于对现状的基本分析,是对现状分析的进一步挖掘深化。

3.1 环境系统现状分析

本书从三峡库区农业环境、工业环境、生活环境、大气环境、土壤类型以及地表覆盖情况来介绍三峡库区环境现状。其中,采用农作物播种面积、化肥施用量和农药使用量指标代表农业环境,农作物播种面积增大表明库区土地开发强度增大,水土流失风险加剧,化肥施用量和农药使用量增加说明库区面源污染风险加剧,库区水质趋向恶化,三个指标均为负向指标;采用工业废水排放量和城镇生活污水排放量分别代表工业环境和生活环境,不言而喻,这两个指标同样为负向指标,值愈大,则工业环境和生活环境发展愈恶劣;大气环境主要选择重庆的大气环境质量情况,采用二氧化硫和一氧化碳(CO)浓度指标,可吸入颗粒物、细颗粒物（PM2.5）等目标物进行观测；三峡库区土壤类型复杂，受各种因素影响，已形成多样的土壤；库区自然地表覆盖分为林草覆盖、种植土地、水域、荒漠与裸露地四类。这些方面可综合反映三峡库区环境现状。

3.1.1 农业环境

1. 农作物播种面积分析

由图 3-1 可知，三峡库区 2005～2017 年农作物播种面积整体呈稳定态势，其 2005 年的 201.12 万 hm^2 与 2017 年的 201.00 万 hm^2 基本保持稳定。2008 年，三峡水库首次启动 175m 试验性蓄水工作，并在 2008 年三峡库区最高蓄水位达 172.8m，致使农作物播种面积大幅下降，由 2005 年的 201.12 万 hm^2 下降至 2008 年的 186.62 万 hm^2，在 2009 年之后，农作物播种面积开始逐步回升，到 2016 年、2017 年，农作物播种面积基本与 2005 年保持一致。库区刚达到蓄水位时，其耕作强度有所下降，库区水土流失风险在一定程度上得到了有效缓解，库区退耕还林还草工作得到了有效推进。但是，近年来库区的总农作物播种面积却一直呈上升态势，尤以库腹地区上升最为显著，库区总体的农作物播种面积由 2009 年的 190.89 万 hm^2 上升至 2017 年的 201.00 万 hm^2，库首地区由 2009 年的 12.90 万 hm^2 增加至 2017 年的 12.94 万 hm^2，库腹地区由 2009 年的 130.84 万 hm^2 增加至 2017 年的 143.39 万 hm^2。由图 3-2 可知，库腹地区的农业播种面积份额由 2005 年的 66.8% 上升至 2017 年的 71.3%，库腹地区稳居并强化其库区粮食主产区地位。仅库尾地区总体呈下降态势，由 2009 年的 47.15 万 hm^2 下降至 2017 年的 44.67 万 hm^2，农作物播种面积份额由 2005 年的 26.6% 下降至 2017 年的 22.3%。库区的农作物播种面积下降并不稳定，农业发展在某种程度上仍是一种粗放型模式，依靠简单的规模扩张实现增长。这种农业粗放增长模式在经济发展较为落后的库首、库腹地区表现得格外突出，而库尾地区则严守生态环境底线，走集约型高效的可持续发展道路。需要指出的是，库腹、库尾地区的农作物播种面积在 2008 年出现大幅下降，使得重庆库区的农作物播种面积由 2007 年的 193.86 万 hm^2 锐减至 2008 年的 173.67 万 hm^2，减少约 20 万 hm^2 农作物播种面积。农作物播种面积的锐减一方面缘于退耕还林、还草耕作的大力推进，另一方面也是受基础设施建设占用耕地的影响。重庆市加快了经济建设步伐，大幅加快铁路、公路、城建等基础设施建设步伐，占用了较多的耕地，使得 2008 年的农作物播种面积骤减。

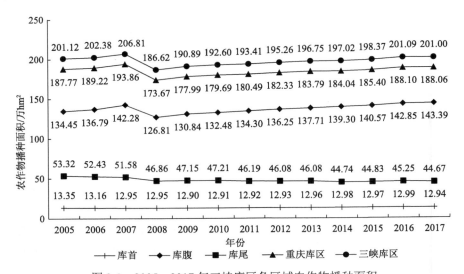

图 3-1 2005～2017 年三峡库区各区域农作物播种面积
资料来源:《重庆统计年鉴》(2006～2018 年)、《宜昌统计年鉴》(2006～2018 年)、《恩施州统计年鉴》(2006～2018 年),经整理

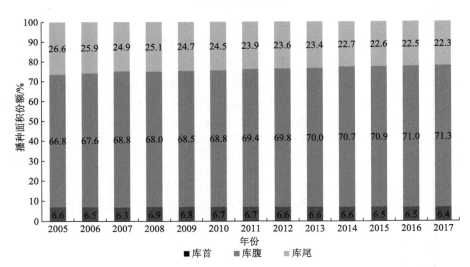

图 3-2 2005～2017 年三峡库区库首、库腹、库尾农作物播种面积份额
资料来源:《重庆统计年鉴》(2006～2018 年)、《宜昌统计年鉴》(2006～2018 年)、《恩施州统计年鉴》(2006～2018 年),经整理

2. 化肥施用量分析

由图 3-3 可知,三峡库区各区域化肥施用量均呈上升趋势,只是各区域上升速率均较为平缓。库首地区化肥施用量由 2005 年的 8.38 万 t 上升至 2017 年的 14.50 万 t,年均增长 4.68%,增长速度相对较快;库腹地区化肥施用量由 2005

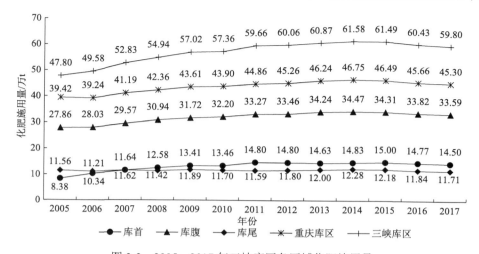

图 3-3　2005～2017 年三峡库区各区域化肥施用量

资料来源:《重庆统计年鉴》(2006～2018 年)、《宜昌统计年鉴》(2006～2018 年)、《恩施州统计年鉴》(2006～2018 年),经整理

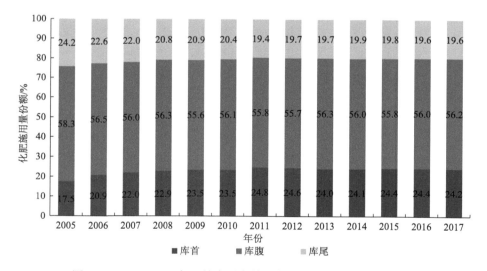

图 3-4　2005～2017 年三峡库区库首、库腹、库尾化肥施用量份额

资料来源:《重庆统计年鉴》(2006～2018 年)、《宜昌统计年鉴》(2006～2018 年)、《恩施州统计年鉴》(2006～2018 年),经整理

年的 27.86 万 t 上升至 2017 年 33.59 万 t,年均增长 1.57%;库尾地区化肥施用量由 2005 年的 11.56 万 t 上升至 2017 年的 11.71 万 t,基本保持一致。需要注意的是库首地区,在 2005 年库首地区的化肥施用量低于库尾地区,自 2008 年开始,库首地区的化肥施用量就一直高于库尾地区。由图 3-2 可知,截止到 2017 年,库首地区的农作物播种面积占三峡库区比重为 6.4%,由图 3-4 可知库首地区的化肥

施用量占三峡库区比重则高达 24.2%，化肥施用量份额是农作物播种面积份额的 3.8 倍，可见库首地区的化肥施用强度之高，这也更加印证了库首地区的农业发展模式是一种简单粗放型发展模式，企图依靠加大化肥投入而不开发和应用现代农业技术使农业增产增收，事实上这种发展模式是不可持续的，容易对库区产生大面积的面源污染，造成库区水体富营养化，影响库区水质，破坏库区生态环境。相较而言，库尾地区则要好得多，增加化肥投入对库尾地区农业发展没有太大的作用，每年化肥增加量不足 1%。库尾地区以先进的技术、充足的资金和广阔的市场走生态集约型农业发展模式，减少了对库区环境的破坏。

3. 农药使用量分析

由图 3-5 可知，总体而言，三峡库区农药使用量呈缓慢下降态势，较化肥施用量而言，这种具体过程没有化肥施用量平稳，有数次起伏波折。库首地区农药使用量由 2005 年的 0.27 万 t 下降至 2017 年的 0.26 万 t，库首地区整体上保持稳定，在 2009~2012 年农药使用量有所增加；库腹地区农药使用量由 2005 年的 0.58 万 t 上升至 2017 年的 0.64 万 t，年均增长 0.82%；库尾地区农药使用量则甚至由 2005 年的 0.28 万 t 下降至 2017 年的 0.21 万 t，年均下降 2.4%；整个库区农药使用量由 2005 年的 1.13 万 t 下降至 2017 年的 1.11 万 t。这反映库区农民对农药的使用较对化肥的施用是更为谨慎的，这可能与化肥和农药的特性有关。农药是用来杀

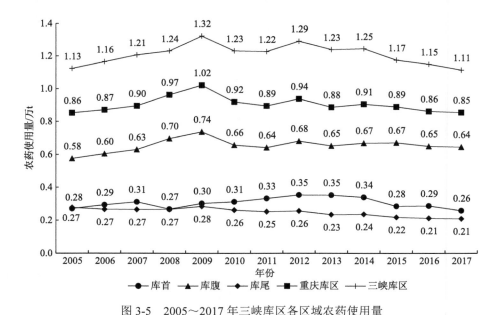

图 3-5　2005~2017 年三峡库区各区域农药使用量

资料来源：《重庆统计年鉴》（2006~2018 年）、《宜昌统计年鉴》（2006~2018 年）、《恩施州统计年鉴》（2006~2018 年），经整理

死危害农作物的生物,其对农作物自身也是有一定损害的,农民一旦认为农药使用超过一定水平(由农民根据种植经验而定),可能就会减少农药的使用,以免影响农作物正常生长和农产品品质,但是化肥则不同,化肥的主要成分是维持作物生长所需的氮磷钾等化学元素,农民更倾向加大化肥投入而非农药投入使农业增产。值得注意的是,由图 3-6 可知,2017 年库首的农药使用份额为农作物播种面积份额的 3.6 倍,要警惕库首地区使用的农药对三峡库区水环境的破坏。

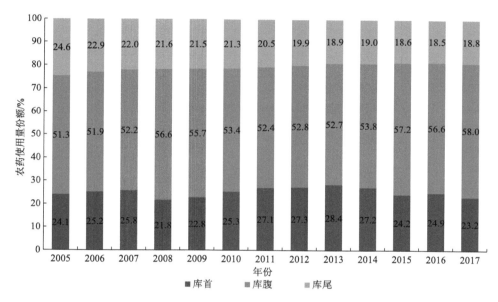

图 3-6　2005～2017 年三峡库区库首、库腹、库尾农药使用量份额
资料来源:《重庆统计年鉴》(2006～2018 年)、《宜昌统计年鉴》(2006～2018 年)、《恩施州统计年鉴》(2006～2018 年),经整理

4. 化肥、农药流失量

在三峡库区独特的地理单元中,随着农业生产活动的进行,所使用的化肥农药并不是都会被农作物所利用或吸收,其中有很大一部分会流失到水体中造成农业污染。农业污染是库区面源污染的主要来源之一,对三峡库区水质造成严重的威胁。从表 3-1 的数据来看,库区化肥整体面源污染日益严重,2006～2012 年化肥年均流失量为 1.25 万 t,其中年均流失的总氮量为 0.98 万 t,年均流失的总磷量为 0.20 万 t,年均流失的总钾量为 0.07 万 t。另外,从表 3-2 的数据来看,库区 2006～2012 年农药年均流失量为 42.37t,其中有机磷类农药年均流失量为 24.89t,有机氮类农药年均流失量为 6.14t,菊酯类农药年均流失量为 3.58t,除草剂类农药年均流失量为 4.07t。

表 3-1 化肥流失量 （单位：万 t）

项目	2006 年	2007 年	2008 年	2009 年	2010 年	2011 年	2012 年	平均值
总氮量	0.90	1.11	1.02	1.11	0.87	0.93	0.94	0.98
总磷量	0.15	0.21	0.18	0.25	0.18	0.20	0.23	0.20
总钾量	0.04	0.06	0.06	0.07	0.08	0.10	0.08	0.07
总量	1.09	1.38	1.26	1.43	1.13	1.23	1.25	1.25

资料来源：2007～2013 年《长江三峡工程生态与环境监测公报》

表 3-2 农药流失量 （单位：t）

项目	2006 年	2007 年	2008 年	2009 年	2010 年	2011 年	2012 年	平均值
有机磷类	25.56	23.48	22.60	27.70	23.20	26.22	25.50	24.89
有机氮类	6.01	5.51	5.40	7.90	6.00	7.18	4.98	6.14
菊酯类	6.17	5.62	2.30	3.40	2.20	2.51	2.89	3.58
除草剂类	3.38	3.13	2.10	3.90	4.00	5.70	6.32	4.07
其他类	5.87	3.54	2.50	2.70	3.00	3.28	4.81	3.67
总量	46.99	41.28	34.90	45.60	38.40	44.89	44.50	42.37

资料来源：2007～2013 年《长江三峡工程生态与环境监测公报》

　　三峡库区山多地少，是我国重要的畜牧业生产基地，库区各县已成为本区域肉类、禽蛋主产地。库区的大多数畜禽粪便未经无害化处理就直接堆放或排放；随着库区畜牧业的进一步发展，库区奶牛、猪、鸡等养殖量增加，规模化、集约化大中型畜禽养殖场兴起。因此，三峡库区的农业污染除了化肥农药的使用，畜禽粪便的面源污染问题变得越来越严重。

3.1.2 工业环境

1. 三峡库区工业环境

　　由图 3-7 易知，三峡库区工业废水排放量总体呈快速减少趋势，尤其是 2005～2011 年几近断崖式下降，由 2005 年的 5.74 亿 t 减少至 2011 年的 1.91 亿 t，年均下降 16.8%。在样本期，各区域变化趋势差异较大，其中库尾地区下降最为明显，库腹地区下降则相对平稳，而库首地区在 2005～2015 年则不降反升，2016 年、2017 年分别为 0.21 亿 t、0.17 亿 t，是样本期内最低工业废水排放量。库尾地区工业废水排放量由 2005 年的 3.75 亿 t 骤降至 2017 年的 0.50 亿 t，年均下降 15.46%；库腹地区工业废水排放量由 2005 年的 1.74 亿 t 下降至 2017 年的 0.39 亿 t，年均下降了 11.72%；而库首地区工业废水排放量则由 2005 年的 0.25 亿 t 上升至 2014 年的 0.42 亿 t，年均增长 5.9%，再由 2015 年的 0.41 亿 t 下降 2017 年的 0.17 亿 t。2005～2011 年，重庆库区的工业废水排放量的锐减，一方面是受相关环保政策约束，在此期间，国家和重庆陆续出台了环境保护方面的法律法规和条例及规划文件，如 2007 年国务院发布的《国务院关于印发节能减排综合性工作方案的通知》、2008 年国家环境保护总局发布的《三峡库区及其上游水污染防治规划（修订本）》、2011 年重庆市人大常委会通过的《重庆市长江三峡水库库区及流域水污染防治条例》，这些政策法规对重庆库区工业废水的排放形成了强有力的约束，使得重庆市加快了城镇污水处理厂及配套管网建设步伐，建成了近百个大中小型污水处理设施，主城区实现了建成区及所有建制镇污水处理设施全覆盖，构建起完善的污水收集处理体系，极大地控制了库尾和库腹地区工业废水排放；另一方面，库尾地区一直都在努力进行产业结构调整升级，逐步迈向"高新尖精"的第二、第三产业，如现代金融、大数据、云计算、物联网、新能源汽车等产业，逐步摆脱高污染、低效益的钢铁化工等传统制造业，产业结构的调整升级也自然地减少了库尾地区的工业废水排放。值得注意的是库首地区，由图 3-8 可知，库首地区的工业废水排放量份额由 2005 年的 4.4% 猛升至 2014 年的 19.8%，而事实上库首地区 2014 年的工业增加值份额仅为 8.5%，足见库首地区工业废水排放总量之多、排放强度之大，库首地区逐渐成为库区环境污染的重要源头。须趁其总量尚未很大之前，应对其工业企业严格控制工业废水的排放，保护好库区的生态环境。

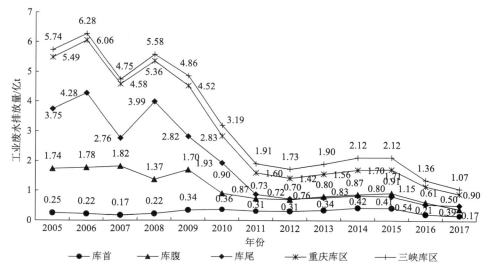

图 3-7 　2005～2017 年三峡库区各区域工业废水排放量
资料来源：《长江三峡工程生态与环境监测公报》（2006～2018 年），经整理

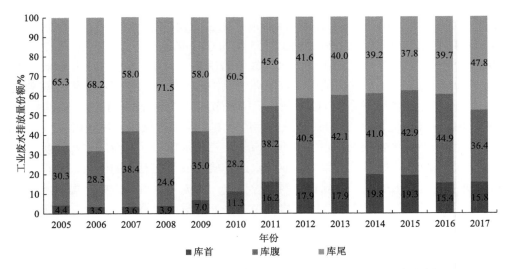

图 3-8   2005～2017 年三峡库区库首、库腹、库尾工业废水排放量份额
资料来源：《长江三峡工程生态与环境监测公报》（2006～2018 年），经整理

随着经济的发展，工业废水排放量也随之增多，其对库区的水环境造成了严重影响，从蓄水前的 1996 年开始，三峡库区工业直接排入长江的废水越来越多，特别是在 2003 年完成一期蓄水，水位达到 135m 后开始以较大幅度上升；2006年完成二期蓄水，水位达到 156m 时，三峡库区工业废水排放量达到最大值。三峡库区直接排入长江的工业废水在经历了整顿后从 2007 年开始有所下降，其中2008 年有小幅回升的趋势，2009 年继续开始下降，且下降幅度较大。总体上来看，三峡库区对工业废水直接向长江排放的控制水平有所提高。

2. 三峡库区工业废水

工业废水中主要污染物为悬浮物、化学需氧量、石油类、挥发酚、硫化物、氨氮、六价铬，以及总磷，其中化学需氧量和氨氮所占比例较大。2005～2016 年，工业废水排放量中，化学需氧量的含量一直远远高于其他类型污染物，并且工业废水排放量总体在下降。表 3-3 列举了 2005～2016 年工业废水排放量与其中化学需氧量和氨氮排放量的具体数量。

表 3-3   2005～2016 年三峡库区工业废水情况

年份	工业废水排放量/亿 t	化学需氧量/万 t	氨氮排放量/万 t
2005	5.74	7.71	0.58
2006	6.28	8.11	0.64
2007	4.75	7.48	0.67

续表

年份	工业废水排放量/亿 t	化学需氧量/万 t	氨氮排放量/万 t
2008	5.58	7.70	0.57
2009	4.86	7.57	0.57
2010	3.19	5.93	0.43
2011	1.91	3.58	0.20
2012	1.73	3.31	0.20
2013	1.90	3.33	0.21
2014	2.12	3.51	0.22
2015	2.12	3.42	0.22
2016	1.36	1.08	0.08

资料来源：2005～2017 年《长江三峡工程生态与环境监测公报》

2017 年，重庆库区各区县工业废水及主要污染物排放量见图 3-9。由图可见，重庆库区工业废水排放量居前 5 位的区县依次为九龙坡、沙坪坝、万州、江津、渝北。

化学需氧量居前 5 位的区县依次为巴南、江津、万州、北碚、涪陵，共排放 7.54 万 t，占重庆库区化学需氧量排放量的 52.8%。

氨氮排放量居前 5 位的区县依次为万州、江津、巴南、涪陵、北碚，共排放氨氮 0.99 万 t，占重庆库区氨氮排放量的 50%。

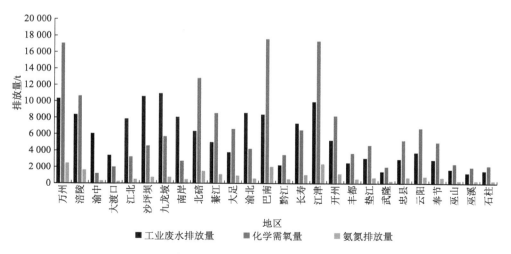

图 3-9　2017 年重庆库区工业废水及主要污染物排放情况
资料来源：《重庆统计年鉴》（2018 年），经整理

3.1.3 大气环境

1. 总体空气质量

三峡库区总共有 26 个区县，其中 4 个属于湖北省，其余 22 个属于重庆市。重庆市的大气环境质量对库区的大气环境质量有着决定性作用。

重庆市是我国典型的高硫煤地区，大气环境受煤烟型污染影响显著。2017 年，重庆市环境空气质量按《环境空气质量标准》（GB 3095—2012）[①]评价，达标天数为 303 天；6 项基本项目中，SO_2 和 CO 浓度达标，PM10、PM2.5、二氧化氮（NO_2）和臭氧（O_3）浓度分别超标 0.03 倍、0.29 倍、0.15 倍和 0.02 倍。

由图 3-10 知，2017 年环境空气中 PM10 年均浓度为 $72\mu g/m^3$，超标 0.03 倍，同比下降 6.5%；PM2.5 年均浓度为 $45\mu g/m^3$，超标 0.29 倍，同比下降 16.7%；SO_2 年均浓度为 $12\mu g/m^3$，达标，同比下降 7.7%，NO_2 年均浓度为 $46\mu g/m^3$，超标 0.15 倍，同比持平；O_3 浓度为 $163\mu g/m^3$，超标 0.02 倍，同比上升 15.6%。CO 浓度为 $1.4mg/m^3$ 达标，同比持平。

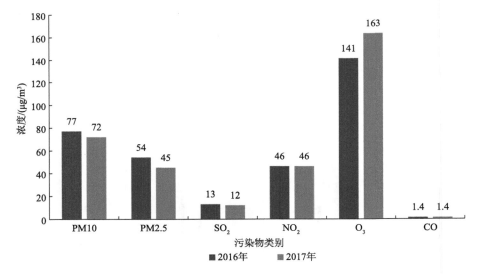

图 3-10　重庆主要污染物浓度 2017 年与 2016 年比较
资料来源：《2017 年重庆市环境监测质量简报》
注：CO 浓度单位为 mg/m³

---

① 《环境空气质量标准》（GB 3095－2012）中环境空气污染物基本项目二级浓度限值：SO_2 年日均值≤$60\mu g/m^3$，NO_2 年日均值≤$40\mu g/m^3$，PM10 年日均值≤$70\mu g/m^3$，PM2.5 年日均值≤$35\mu g/m^3$，O_3 日最大 8 小时平均值≤$160\mu g/m^3$，CO 24 小时平均值≤$4mg/m^3$。

2. 区县空气质量

重庆市 38 个区县环境空气质量状况见表 3-4。其中城口、彭水、酉阳、云阳和武隆 5 个区县的六项大气污染物浓度均达到国家二级标准,率先实现了城市空气质量达标,占重庆市区县评价单元总数的 13.16%。

表 3-4　重庆市各区县环境空气质量状况表

区县	PM10/(μg/m³)	SO₂/(μg/m³)	NO₂/(μg/m³)	PM2.5/(μg/m³)	O₃/(μg/m³)	CO/(mg/m³)
万州	67	10	33	46	122	1.5
黔江	47	14	20	36	120	1.3
涪陵	71	18	38	44	128.00	1.4
渝中	72	11	59	44	152	1.6
大渡口	75	11	51	46	151	1.6
江北	63	11	42	39	165	1.4
沙坪坝	72	12	42	45	168	1.4
九龙坡	68	10	40	43	156	1.4
南岸	70	11	40	44	155	1.3
北碚	64	12	36	42	164	1.6
渝北	62	12	45	42	159	1.4
巴南	73	13	41	43	162	1.5
长寿	70	21	27	50	150	1.3
江津	89	19	41	52	174	1.6
合川	76	24	30	57	152	1.4
永川	72	19	26	53	135	1.4
南川	69	34	30	50	122	1.4
綦江	74	21	27	51	148	1.2
大足	73	19	18	55	159	1.3
璧山	84	31	37	60	156	1.4
铜梁	76	21	25	53	132	1.5
潼南	66	17	22	50	142	1.4
荣昌	76	17	23	60	156	1.6
开州	66	10	32	38	137	1.4
梁平	65	11	23	40	129	1.7
武隆	63	22	31	35	114	1.4

区县	PM10/（μg/m³）	SO₂/（μg/m³）	NO₂/（μg/m³）	PM2.5/（μg/m³）	O₃/（μg/m³）	CO/（mg/m³）
城口	48	14	15	30	105	1.6
丰都	68	12	35	49	116	1.6
垫江	61	12	27	51	131	1.5
忠县	57	8	24	45	122	1.4
云阳	51	8	25	35	129	1.3
奉节	61	10	34	39	132	1.5
巫山	59	12	31	41	121	1.3
巫溪	65	11	19	42	109	1.9
石柱	53	11	20	37	120	1.5
秀山	54	13	15	39	129	10
酉阳	48	12	18	34	105	1.4
彭水	41	17	21	31	105	1.4

资料来源：2018 年《重庆市生态环境状况公报》

3.1.4 生活环境

由图 3-11、图 3-12 可知，三峡库区城镇生活污水排放量一路攀升，以库首、库尾地区最为明显，城镇生活污水排放成为三峡库区水环境安全的巨大隐患。库首地区城镇生活污水排放量由 2005 年的 0.14 亿 t 蹿升至 2015 年的 0.41 亿 t，年均增长 11.34%；库腹地区城镇生活污水排放量由 2005 年的 1.60 亿 t 上升至 2015 年的 2.94 亿 t，年均增长 6.27%；库尾地区城镇生活污水排放量由 2005 年的 2.35 亿 t 上升至 2015 年的 4.80 亿 t，年均增长 7.40%。由于库尾地区以重庆市主城区为主体，经济发达、商业繁荣，是重庆市的城镇人口主要集聚区，其城镇生活污水排放量居高不下，但近年来库尾地区的城镇生活污水排放量有所放缓。库尾地区正在尽量减少城镇居民对库区环境造成的不利影响。值得一提的是，库尾地区在 2008 年、库腹地区在 2011 年城镇生活污水排放量大幅攀升。其主要原因是，在 2007 年，中央对重庆的"314"总体部署后，重庆加快了建设长江上游地区经济中心步伐，而库尾地区的主城区是重庆的核心区域，必然出现城镇人口的较大增长，使得库尾地区的城镇生活污水排放量大幅增长；2010 年重庆市提出将万州区打造成重庆第二大城市，重庆市对万州区发展给予了极大的资金、人力、物力支持，万州区城镇化推进快速，而万州区作为库腹地区的两大区域性经济中心之一，库腹地区的城镇生活污水排放量会出现较快增长。同时不能忽视库首地区，由于其总人口较少，城镇生活污水排放总量相对较少，至 2014 年仍不足 0.5 亿 t，占库区总份额的 5.0%，但是其保持明显的增长态势，要高度警惕库首地区城镇生活污水排放量的较快增长，控制污水排放量和处理率。

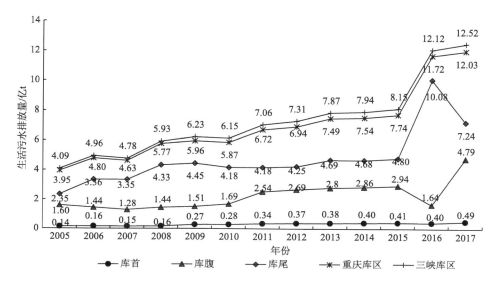

图 3-11　2005～2017 年三峡库区各区域城镇生活污水排放量
资料来源：《长江三峡工程生态与环境监测公报》（2006～2018 年），经整理

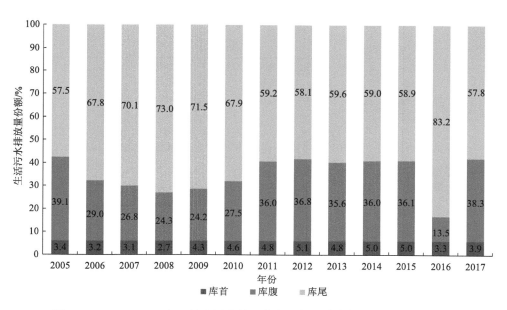

图 3-12　2005～2017 年三峡库区库首、库腹、库尾城镇生活污水排放量份额
资料来源：《长江三峡工程生态与环境监测公报》（2006～2018 年），经整理

城镇生活污水中的主要污染物为生化需氧量、化学需氧量、总氮、挥发酚、总磷、氨氮，其中化学需氧量和氨氮所占比例较大。2005～2016 年，城镇生活污水中，化学需氧量一直都远远高于其他类型污染物，从 2007 年开始，化学需氧量有所下降，2010 年开始继续上升，并在 2011 年及以后保持在一个较高水平。2005～2016 年城镇生活污水排放量总体增加。表 3-5 列举了 2005～2016 年城镇生活污水排放量与其中化学需氧量和氨氮排放量的具体数量。

表 3-5　2005～2016 年三峡库区城镇生活污水情况

年份	城镇生活污水排放量/亿 t	化学需氧量/万 t	氨氮排放量/万 t
2005	4.09	9.26	0.94
2006	4.96	10.27	1.02
2007	4.78	9.26	0.93
2008	5.93	8.66	0.93
2009	6.23	8.77	1.30
2010	6.15	9.26	1.33
2011	7.06	14.44	2.56
2012	7.31	14.24	2.48
2013	7.87	13.16	2.38
2014	7.94	12.30	2.26
2015	8.15	12.41	2.23
2016	12.12	14.04	2.18

资料来源：2006～2017 年《长江三峡工程生态与环境监测公报》，经整理

3.1.5　土壤类型

表 3-6 列出了三峡库区主要土壤类型面积。三峡库区土壤类型复杂，受各种因素的影响，形成了多样的土壤。调查显示，三峡库区的土壤主要有 9 种类型、333 个土种、24 个亚种、87 个土属。三峡库区土壤类型分布，由表 3-6（余炜敏，2005）可知，黄壤面积为 755.1km²，占 30.29%，是三峡库区面积最大的土壤类型，主要分布在海拔 500～1400m 的低中地带。紫色土面积为 503.8km²，占 20.21%，是三峡库区主要的土壤类型之一。黄棕土是一种黄壤和棕壤之间的过渡土壤类型，它处于黄壤带之上、棕壤带之下，库区黄棕土面积为 442.7km²，占 17.76%。库区石灰土面积为 301.6km²，占 12.1%。水稻土面积为 234.8km²，占 9.42%，主要分布在涪陵地区海拔 200m 的长江河谷至 1000m 以上的中山地带，万州地区的平行岭谷区、开州区三里河沿岸阶梯地；平坝区、云阳县的长江沿岸的新冲击坝、宜昌地区的东部低山丘陵地区。

表 3-6   三峡库区主要土壤类型面积

土壤类型	面积/km²	占比/%
黄壤	755.1	30.29
紫色土	503.8	20.21
黄棕土	442.7	17.76
石灰土	301.6	12.1
水稻土	234.8	9.42
棕壤	74.5	2.99
灌土	54.8	2.20
红壤	44.9	1.80
草甸土	29.2	1.17
其他	51.1	2.06
合计	2492.5	100.00

资料来源：余炜敏（2005）

3.1.6   地表覆盖

重庆库区及影响区的自然地表覆盖分为林草覆盖、种植土地、水域、荒漠与裸露地四类，面积共 78 168.51km²，占重庆库区及影响区总面积的 94.90%。其中，林草覆盖为主要类型，面积为 52 509.19km²，占重庆库区及影响区总面积的 63.75%；种植土地为次要类型，面积为 23 480.01km²，占重庆库区及影响区总面积的 28.50%；水域面积为 1917.80km²，占重庆库区及影响区总面积的 2.33%；荒漠与裸露地面积最小，为 261.51km²，占重庆库区及影响区总面积的 0.32%，见表 3-7。

表 3-7   重庆库区及影响区地表覆盖概况汇总表

地表覆盖类型		面积/km²	占重庆库区及影响区总面积比重/%
自然地表	林草覆盖	52 509.19	63.75
	种植土地	23 480.01	28.50
	水域	1 917.80	2.33
	荒漠与裸露地	261.51	0.32
	合计	78 168.51	94.90
人文地表（包括房屋建筑、铁路与道路、人工堆掘地、构筑物）		4 202.43	5.10

资料来源：《重庆市第一次地理国情普查公报》（2017 年）

3.2 经济系统现状分析

经济系统在三峡库区环境-经济-社会复合生态系统协调发展中起着重要的物质保障作用,通过经济系统的发展完善,实现库区资本增加、技术进步和社会发展,促进库区环境-经济-社会复合生态系统协调发展。当然经济系统的不健康发展也会攫取环境系统的部分资源,对环境系统产生一定的胁迫作用,制约库区社会系统的全面发展。本节将主要从经济总量、产业结构、城镇化率、金融发展、公共财政预算收入和公共财政预算支出 6 个维度对库区经济系统现状进行基本辨识,分别选用地区生产总值,第一、第二、第三产业比重,常住人口城镇率,城乡居民储蓄存款余额,公共财政预算收入和公共财政预算支出代表。其中库首地区的地区生产总值、城乡居民储蓄存款余额、公共财政预算收入和公共财政预算支出是经过宜昌市以 2005 年为基期的定基消费者物价指数和恩施州以 2005 年为基期的定基消费者物价指数平减所得(巴东县指标数据采用恩施州物价指数平减,兴山县、秭归县和夷陵区指标数据采用宜昌市物价指数平减),库腹和库尾地区的地区生产总值、城乡居民储蓄存款余额、公共财政预算收入和公共财政预算支出采用重庆市以 2005 年为基期的定基消费者物价指数平减所得,故指标数据均为消除物价变动的实际值。

3.2.1 经济总量(地区生产总值)

由图 3-13 知,2005~2017 年,三峡库区的经济总量呈直线快速增长态势,三峡库区经济总量由 2005 年的 2262.26 亿元一直飙升至 2017 年的 9939.05 亿元,年均增长 13.13%,表明库区的经济增长十分迅猛。其经济增长率呈现先上升后回落的特征,其中 2006~2009 年经济增速较快,2009 年三峡库区经济增长率达 32.28%,但是可以看到,2010 年后经济增速呈下降趋势,尤其自 2012 年以来库区经济增速放缓趋势更为明显(图 3-14),国家经济发展步入新常态,传统的要素驱动力逐渐弱化,在一定程度上影响了三峡库区经济增长。整体而言,库首、库腹、库尾地区的经济总量增长速度大体相当,而库首地区年均增长率略高于库腹地区,库腹地区略高于库尾地区。

库首地区经济总量由 2005 年的 125.53 亿元上升至 2017 年的 625.88 亿元,年均增长 14.48%。库首地区内部各区县经济总量增速排名由高到低依次为夷陵、兴山、秭归、巴东。其中,夷陵经济总量年均增长率达 16.36%,高于库首年均增长

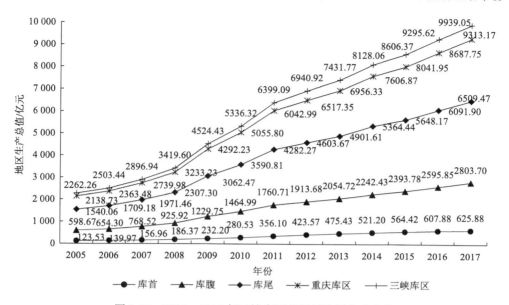

图 3-13　2005～2017 年三峡库区各区域地区生产总值

资料来源：《重庆统计年鉴》（2006～2018 年）、《宜昌统计年鉴》（2006～2018 年）、《恩施州统计年鉴》（2006～2018 年），经整理

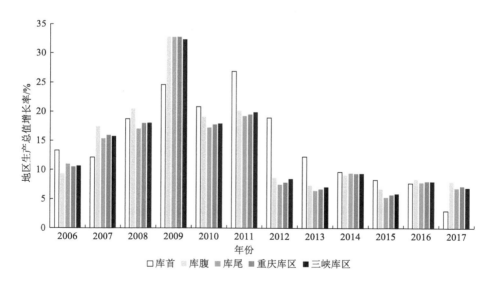

图 3-14　2006～2017 年三峡库区各区域地区生产总值增长率

资料来源：《重庆统计年鉴》（2006～2018 年）、《宜昌统计年鉴》（2006～2018 年）、《恩施州统计年鉴》（2006～2018 年），经整理

率 1.88 个百分点。兴山经济总量由 2005 年的 18.54 亿元上升至 2017 年的 77.84 亿元，增长了 3.20 倍，年均增长 12.70%；秭归经济总量由 2005 年的 21.77 亿元

上升至 2017 年的 85.29 亿元，增长了 2.92 倍，年均增长 12.05%；巴东经济总量由 2005 年的 19.84 亿元上升至 2017 年的 72.46 亿元，增加了 2.65 倍，年均增长率仅为 11.40%（表 3-8）。

表 3-8　2005～2017 年库首地区各区县经济总量及年均增长率

区域	经济总量/亿元		年均增长率/%
	2005 年	2017 年	
巴东	19.84	72.46	11.40
兴山	18.54	77.84	12.70
秭归	21.77	85.29	12.05
夷陵	63.38	390.28	16.36
库首	125.53	625.87	14.48

资料来源：《宜昌统计年鉴》（2006～2018 年）、《恩施州统计年鉴》（2006～2018 年），经整理

表 3-9 给出 2005～2017 年库首地区各区县经济总量占湖北省比重的变化情况。2005 年，巴东、兴山、秭归、夷陵四区县占湖北省经济总量的比重分别为 0.30%、0.28%、0.33%、0.96%，库首地区整体经济总量占比为 1.87%。2005～2017 年，巴东、兴山、秭归比重虽有波动，但变化较小，均保持在 0.3% 左右，而夷陵地区经济增长较快，比重由 2005 年的 0.96% 上升至 2017 年的 1.53%，库首地区整体比重由 1.87% 上升至 2.46%。由此可见，夷陵地区对库首地区的经济贡献率最大，库首地区经济的增长主要源于夷陵经济的增长。值得一提的是，2016 年夷陵经济总量占比最大，该年夷陵资金项目数创历史新高，项目争取到位资金多达 4 亿元，位居宜昌全市首位，为经济发展提供了充足的动力。同时，夷陵加快构建农村产业融合发展现代产业体系，成功列入"国家农村产业融合试点示范县"名单，发挥了带头作用。

表 3-9　2005～2017 年库首地区各区县经济总量占湖北省比重的变化情况　（%）

年份	巴东	兴山	秭归	夷陵	库首
2005	0.30	0.28	0.33	0.96	1.87
2006	0.29	0.26	0.33	0.98	1.86
2007	0.29	0.25	0.31	0.93	1.78
2008	0.31	0.28	0.33	0.94	1.86
2009	0.31	0.29	0.33	1.07	2.00
2010	0.30	0.27	0.33	1.12	2.02
2011	0.28	0.28	0.33	1.31	2.20

年份	巴东	兴山	秭归	夷陵	库首
2012	0.28	0.29	0.34	1.46	2.37
2013	0.29	0.30	0.35	1.52	2.46
2014	0.29	0.30	0.35	1.55	2.49
2015	0.29	0.31	0.36	1.58	2.54
2016	0.28	0.31	0.35	1.61	2.55
2017	0.28	0.31	0.34	1.53	2.46

资料来源:《宜昌统计年鉴》(2006～2018 年)、《恩施州统计年鉴》(2006～2018 年),经整理

与三峡库区整体变化趋势一致,2005～2009 年库腹地区经济总量增速较快,而 2010～2017 年增速呈波动下降趋势。尽管增速放缓,但经济增长态势仍然趋好,2017 年,库腹地区经济总量为 2803.70 亿元,较之于 2005 年的 598.67 亿元增长了 3.68 倍,年均增长 13.73%。就区县而言,2017 年,库腹地区内部各区县经济总量排名前三位的区县分别为涪陵、万州及开州,经济总量分别实现 726.86 亿元、719.85 亿元及 287.68 亿元,经济总量年均增长率排名前三位的是万州、涪陵、石柱,年均增长率分别为 15.08%、15.05% 及 13.66%,而仅有万州及涪陵的年均增长率高于库腹地区平均水平。经济总量年均增长率排名最后三位的区县是云阳、武隆及丰都,云阳经济总量由 2005 年的 43.61 亿元上升至 2017 年的 171.58 亿元,增长了 2.93 倍,年均增长 12.09%;武隆经济总量由 2005 年的 29.88 亿元上升至 2017 年的 115.95 亿元,增长了 2.88 倍,年均增长 11.96%;丰都经济总量由 2005 年的 36.82 亿元上升至 2017 年的 137.82 亿元,增长了 2.74 倍,年均增长 11.63%(表 3-10)。

表 3-10　2005～2017 年库腹地区各区县经济总量及年均增长率

区域	经济总量/亿元		年均增长率/%
	2005 年	2017 年	
万州	133.45	719.85	15.08
涪陵	135.08	726.86	15.05
丰都	36.82	137.82	11.63
武隆	29.88	115.95	11.96
忠县	43.87	199.31	13.44
开州	70.49	287.68	12.43
云阳	43.61	171.58	12.09
奉节	45.03	182.32	12.36

续表

区域	经济总量/亿元		年均增长率/%
	2005 年	2017 年	
巫山	20.49	82.78	12.34
巫溪	14.73	62.36	12.78
石柱	25.22	117.19	13.66
库腹	598.67	2803.70	13.73

资料来源:《重庆统计年鉴》(2006~2018 年),经整理

就各区县经济总量占重庆市的比重变化而言,万州和涪陵一直占据库腹地区的主导地位,经济比重远高于其他区县,同时巫溪经济比重常年最小。随着时间的推移,万州和涪陵的比重先上升而后下降,2005~2010 年上升明显,如 2005年万州和涪陵经济总量占重庆市比重分别为 3.83% 和 3.87%,分别高出巫溪比重3.41 个百分点及 3.45 个百分点;到 2010 年,万州和涪陵经济总量占重庆市的比重分别增加至 6.26% 和 5.44%,分别高出同期经济总量占比最低的巫溪 5.79 个百分点和 4.97 个百分点。尽管后期增速有下降趋势,但较之于 2005 年仍明显上升。同时,2008~2016 年万州经济总量比重高于涪陵,位居库腹榜首;涪陵发展势头迅猛,于 2017 年实现反超(表 3-11)。

表 3-11 2005~2017 年库腹地区各区县经济总量占重庆市比重变化 (%)

年份	万州	涪陵	丰都	武隆	忠县	开州	云阳	奉节	巫山	巫溪	石柱	库腹
2005	3.83	3.87	1.06	0.86	1.26	2.02	1.25	1.29	0.59	0.42	0.72	17.17
2006	3.88	3.92	1.02	0.85	1.27	1.91	1.19	1.29	0.58	0.41	0.74	17.06
2007	4.05	4.09	1.02	0.85	1.31	1.94	1.18	1.32	0.58	0.42	0.76	17.52
2008	4.39	4.35	0.99	0.85	1.33	1.90	1.14	1.29	0.58	0.40	0.75	17.97
2009	5.88	5.40	1.00	0.90	1.42	1.87	1.13	1.30	0.64	0.47	0.82	20.83
2010	6.26	5.44	0.97	0.91	1.37	1.87	1.07	1.29	0.63	0.47	0.81	21.09
2011	6.17	5.53	0.99	0.86	1.36	1.98	1.08	1.27	0.63	0.47	0.79	21.13
2012	5.76	5.48	0.97	0.86	1.36	2.00	1.10	1.26	0.61	0.46	0.81	20.67
2013	5.44	5.35	0.93	0.84	1.42	2.06	1.17	1.24	0.58	0.47	0.83	20.33
2014	5.36	5.26	0.94	0.83	1.45	2.09	1.18	1.26	0.56	0.46	0.83	20.22
2015	5.22	5.12	0.95	0.83	1.40	2.05	1.18	1.24	0.56	0.46	0.81	19.82
2016	5.06	5.05	0.96	0.82	1.36	2.03	1.20	1.25	0.57	0.46	0.82	19.58
2017	4.99	5.04	0.96	0.80	1.38	2.00	1.19	1.26	0.57	0.43	0.81	19.43

资料来源:《重庆统计年鉴》(2006~2018 年),经整理

2017 年,库尾 11 个区县共实现经济总量 6509.48 亿元,比 2005 年增长了 3.23 倍,年均增长 12.76%。就区县而言,渝北区、巴南区、南岸区、北碚区、江北区长寿区及江津区年均增长率高于库尾平均水平,年均增长率分别为 17.66%、14.59%、14.54%、13.99%、13.87%、12.71% 及 12.50%。九龙坡区和大渡口区年均增长率较低,分别为 10.19% 和 5.99%,其中大渡口区是唯一年均增长率低于 10% 的区县(表 3-12)。

表 3-12　2005～2017 年库尾地区各区县经济总量及年均增长率

区域	经济总量/亿元		年均增长率/%
	2005 年	2017 年	
渝中区	240.66	816.04	10.71
大渡口区	69.77	140.28	5.99
江北区	133.72	635.59	13.87
沙坪坝区	163.23	622.34	11.80
九龙坡区	270.41	866.03	10.19
南岸区	115.60	589.74	14.54
北碚区	80.15	385.57	13.99
渝北区	145.32	1023.13	17.66
巴南区	100.89	517.17	14.59
江津区	133.29	547.72	12.50
长寿区	87.02	365.87	12.71
库尾	1540.06	6509.48	12.76

资料来源:《重庆统计年鉴》(2006～2018 年),经整理

尽管库尾年均增长率略低于三峡库区整体水平,但库尾地区经济实力较为雄厚,经济占比较大。如表 3-13 所示,2005～2017 年,库尾地区经济总量占重庆市的比重皆大于 40%,尽管 2010 年开始呈下降趋势,但占比仍然维持在 45% 以上。就库尾各区县而言,内部差异较小但波动甚大。2005～2009 年,经济占比最大的两个区是九龙坡区和渝中区。该阶段九龙坡区经济总量占重庆市的比重超过 7%,渝中区经济占比先下降而后上升,到 2009 年达 7.12%。渝北区后来居上,经济总量占比从 2005 年的 4.17% 上升至 2017 年的 7.10%,且从 2011 年开始超过九龙坡区,成为库尾经济总量贡献最大的区。值得注意的是,大渡口区经济占比一直最低,且逐渐降低,经济占比由 2005 年的 2.00% 下降至 2017 年的 0.97%(表 3-13)。

表 3-13　2005～2017 年库尾地区各区县经济总量占重庆市比重变化　（%）

年份	渝中区	大渡口区	江北区	沙坪坝区	九龙坡区	南岸区	北碚区	渝北区	巴南区	江津区	长寿区	库尾
2005	6.90	2.00	3.84	4.68	7.76	3.32	2.30	4.17	2.89	3.82	2.50	44.18
2006	6.19	1.97	3.85	4.91	8.02	3.30	2.34	4.66	2.96	3.79	2.55	44.54
2007	5.94	2.00	3.82	4.88	7.96	3.33	2.34	5.22	3.03	3.74	2.66	44.92
2008	5.60	2.44	3.76	4.65	7.40	3.87	2.67	5.18	3.01	3.76	2.47	44.81
2009	7.12	2.27	4.95	5.29	7.60	4.56	2.92	6.98	3.70	3.79	2.68	51.86
2010	6.93	2.22	4.90	5.25	7.38	4.40	2.91	7.19	3.87	3.80	2.86	51.71
2011	6.60	1.49	5.12	5.55	6.85	4.30	3.00	7.61	3.92	3.81	3.15	51.40
2012	6.66	1.10	4.59	5.72	6.75	4.05	2.91	7.64	3.66	3.70	2.92	49.70
2013	6.24	1.06	4.30	5.44	6.39	4.13	2.88	7.77	3.61	3.77	2.90	48.49
2014	6.04	1.04	4.20	5.62	6.33	4.23	2.89	7.75	3.54	3.85	2.92	48.41
2015	6.04	1.01	4.33	4.50	6.32	4.28	2.71	7.52	3.58	3.82	2.71	46.82
2016	5.92	1.00	4.39	4.43	6.14	4.20	2.68	7.29	3.58	3.80	2.56	45.99
2017	5.66	0.97	4.41	4.32	6.01	4.09	2.67	7.10	3.59	3.80	2.54	45.16

资料来源：《重庆统计年鉴》（2006～2018 年），经整理

由图 3-15 可以看到，库首、库腹、库尾地区经济增长速度大体相同，使得 2005 年来库首、库腹、库尾区域的经济总量份额大体稳定。库首维持在 6% 左右，库腹

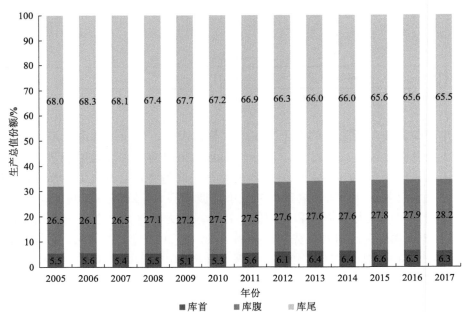

图 3-15　2005～2017 年三峡库区库首、库腹、库尾地区生产总值份额
资料来源：《重庆统计年鉴》（2006～2018 年）、《宜昌统计年鉴》（2006～2018 年）、《恩施州统计年鉴》（2006～2018 年），经整理

维持在 27%左右，库尾维持在 66%左右。库首和库腹地区虽经济增速较快而且份额略有上升态势，库首地区经济总量份额由 2005 年的 5.5%上升至 2017 年的 6.3%，库腹地区由经济总量份额由 2005 年的 26.5%上升至 2017 年的 28.2%，但是库首和库腹地区经济增长效益并不明显，对库区农业环境、工业环境和生活环境的攫取较多，却并没有出现显著的经济增长优势。牺牲环境的粗放型经济增长模式不可取，对落后地区而言更是如此。

3.2.2 产业结构

由表 3-14 可知，三峡库区第一产业比重整体呈下降趋势，由 2005 年的 11.2%下降至 2017 年的 6.1%，其间 2016 年虽然比上年上升了 0.1 个百分点，但 2017 年又呈下降趋势。其第二产业比重呈波动变化趋势，2005～2008 年呈稳定上升趋势，比重由 43.3%上升至 49.7%；2009 年比重下降至 45.5%；2010～2011 年比重呈上升趋势，2010 年比 2009 年上升 2.7 个百分点，2011 年比 2010 年上升 1.8 个百分点；2012～2017 年又呈波动下降趋势，比重由 49.7%下降至 46.0%。其第三产业比重波动也较大，2005～2008 年第三产业比重呈下降趋势，由 45.5%下降至 41.2%；2009 年呈上升趋势，比重较 2008 年上升 5.9 个百分点；2011 年较 2010 年下降 1.7 个百分点后，此后比重呈逐年上升趋势，至 2017 年，三峡库区第三产业比重上升至 47.9%，高于第一产业及第二产业。总体而言，三峡库区整体处于工业化中期阶段，2015 年前，第二产业占主导地位。同时可以看到自 2011 年以来三峡库区第一产业比重基本在缓慢下降，而第三产业比重则在逐渐缓慢上升，表明库区正在经历着产业结构调整升级，处于从工业中期向工业化后期的过渡时期。其第二产业仍占据主导地位的形势有所改变，2015 年及之后其第三产业比重开始高于第二产业。

然而各区域的产业结构情况则大不相同，其中库首地区正处于工业化中期的强化阶段。2005～2007 年，其第三产业比重略高于第二产业，但自 2008 年开始，第二产业比重一直占据主导地位，由 2008 年的 42.7%连续上升至 2017 年的 52.9%。与此相对应的是，第一产业比重呈下降趋势，由 2005 年的 25.5%下降至 2017 年的 14.0%。第三产业比重呈 U 形变化趋势，2005～2011 年总体呈下降趋势，由 2005 年的 43.6%下降至 2011 年的 25.9%；2012～2017 年呈轻微上升趋势，由 25.9%上升至 33.1%。

库腹地区同样处于工业化中期的强化阶段，第二产业比重一直占据绝对优势，且呈上升趋势，比重由 2005 年的 39.9%上升至 2017 年的 50.3%。第三产业比重波动较大，2005～2008 年总体呈下降趋势，比重由 39.5%下降至 36.0%；2009 年比重上升至 40.1%，此后又呈下降趋势，至 2017 年，库腹地区第三产业比重下降至 37.9%。同时，第一产业比重下降明显，尤其 2005~2009 年下降幅度较大，由 2005 年的 20.6%下降至 2009 年的 14.2%，下降 6.4 个百分点；2009~2017 年比重继续下降，至 2017 年库腹地区第一产业比重下降至 11.8%。

库尾地区则已经进入工业化后期，第二产业及第三产业皆呈波动变化趋势。2005~2008 年，第三产业比重逐年下降，由 47.9%下降至 43.7%，而第二产业比重呈上升趋势，由 45.6%上升至 51.6%，上升了 6.0 个百分点；2008~2012 年，第三产业比重变化呈先上升后下降的倒 U 形变化，其中 2008~2009 年比重上升 7.3 个百分点，2009~2012 年由 51.0%下降至 47.8%，下降 3.2 个百分点。2008~2012 年，第二产业比重呈先下降后上升的 U 形变化，其中 2008~2009 年由 51.6%下降至 45.3%，比重下降 6.3 个百分点，2009~2012 年由 45.3%上升至 48.9%，比重上升 3.6 个百分点。自 2013 年起，第三产业超越第二产业开始成为库尾地区的主导产业。2013~2017 年，第二产业比重由 48.2%下降至 43.5%，第三产业比重由 48.5%上升至 53.7%，而第一产业比重较低且逐年降低，比重由 2005 年的 6.5% 逐年下降至 2017 年的 2.8%。由此可见，库尾地区产业结构逐渐优化。

重庆库区整体而言，产业结构演化过程与库尾地区相似。2005~2008 年，第三产业比重逐年下降，由 45.6%下降至 41.5%，比重下降了 4.1 个百分点，而第二产业比重呈上升趋势，由 44.0%上升至 50.1%，上升了 6.1 个百分点；2008~2011 年，第二产业比重变化呈 U 形变化趋势，其中 2008~2009 年比重下降 4.7 个百分点，2009~2011 年呈上升趋势，比重由 2009 年的 45.4%上升至 2011 年的 49.6%。2008~2011 年，第三产业比重变化呈倒 U 形变化趋势，2008~2009 年比重上升 6.4 个百分点，2009~2011 年呈下降趋势，比重由 47.9%下降至 44.3%，下降 3.6 个百分点；2011~2017 年，第二产业比重呈下降趋势，由 49.6%下降至 45.6%，下降 4.0 个百分点，而第三产业比重呈上升趋势，由 44.3%上升至 48.9%，上升 4.6 个百分点。且 2015 年后，第三产业比重开始超过第二产业，逐步占据主导地位。此外，第一产业比重呈下降趋势，由 2005 年的 10.4%下降至 2017 年的 5.5%。

通过对比，容易发现库首地区及库腹的产业结构变化最为剧烈。库首地区第二产业发展最为迅猛，第一和第三产业份额迅速被第二产业攫取。在 2005 年时，库首地区第二产业份额比第三产业份额低 12.9 个百分点，而到 2017 年时，库首地区第二产业份额已比第三产业份额高 19.8 个百分点；库腹地区第二产业占据绝对优势，且与第三产业份额差距较大，2005 年库腹地区第二产业比第三产业份额仅高 0.4 个百分点，而到 2017 年时，第二产业比重比第三产业份额高 12.4 个百分点。第二产业又是以工业为主，可见库首及库腹地区的工业发展迅猛，对生态环境造成了较大的压力，产业结构有待优化。

表 3-14　2005～2017 年三峡库区各区域三次产业比重　　　（%）

区域	比重	2005年	2006年	2007年	2008年	2009年	2010年	2011年	2012年	2013年	2014年	2015年	2016年	2017年
库首地区	第一产业	25.5	23.0	22.5	21.3	18.7	17.6	16.9	16.5	15.6	14.6	13.6	13.6	14.0
	第二产业	30.7	33.2	36.1	42.7	47.3	52.6	57.2	57.6	57.6	57.8	55.9	54.6	52.9
	第三产业	43.6	43.8	41.4	36.0	34.0	29.8	25.9	25.9	26.8	27.6	30.5	31.8	33.1
库腹地区	第一产业	20.6	19.5	20.3	17.5	14.2	13.0	12.8	12.8	12.6	11.9	12.0	12.3	11.8
	第二产业	39.9	40.1	42.1	46.5	45.7	48.5	50.6	49.9	50.7	51.1	50.3	49.5	50.3
	第三产业	39.5	40.4	37.6	36.0	40.1	38.5	36.6	37.3	36.7	37.0	37.7	38.2	37.9
库尾地区	第一产业	6.5	5.5	5.4	4.7	3.7	3.5	3.3	3.3	3.3	3.0	3.0	3.0	2.8
	第二产业	45.6	47.0	48.7	51.6	45.3	47.8	49.2	48.9	48.2	47.7	44.3	43.3	43.5
	第三产业	47.9	47.5	45.9	43.7	51.0	48.7	47.5	47.8	48.5	49.3	52.7	53.7	53.7
重庆库区	第一产业	10.4	9.4	9.6	8.4	6.7	6.2	6.1	6.1	6.0	5.6	5.7	5.8	5.5
	第二产业	44.0	45.1	46.9	50.1	45.4	48.0	49.6	49.2	48.9	48.7	46.1	45.2	45.6
	第三产业	45.6	45.5	43.5	41.5	47.9	45.8	44.3	44.7	45.1	45.7	48.2	49.0	48.9
三峡库区	第一产业	11.2	10.1	10.3	9.1	7.4	6.8	6.7	6.7	6.6	6.2	6.2	6.3	6.1
	第二产业	43.3	44.4	46.3	49.7	45.5	48.2	50.0	49.7	49.5	49.3	46.8	45.8	46.0
	第三产业	45.5	45.5	43.4	41.2	47.1	45.0	43.3	43.6	43.9	44.5	47.0	47.9	47.9

资料来源：《重庆统计年鉴》（2006～2018 年）、《宜昌统计年鉴》（2006～2018 年）、《恩施州统计年鉴》（2006～2018 年），经整理

3.2.3　城镇化率

由图 3-16 可知，三峡库区的整体城镇化呈快速推进过程，城镇化水平由 2005 年的 48.3% 上升到 2017 年的 63.3%，年均增长约 2.28%。尽管库区整体呈较快增长态势，库区各区域城镇化差异依然十分明显。一方面，就城镇化速度而言，重庆库区低于湖北库区，库尾地区低于库腹地区，库腹地区低于库首地区，湖北库区城镇化率年均增长 7.58%，重庆库区年均增长 1.83%，库腹地区年均增长 4.56%，库尾地区年均增长 0.66%。同时由图 3-17 可知，除库首地区外，其他区域城镇化率增速波动较小，库首地区 2006 年及 2008 年城镇化率出现负增长，而 2010 年城镇化率上升明显，其增长率为 70.85%。另一方面，就城镇化水平而言，重庆库区要高于湖北库区，库尾地区要高于库腹地区，库腹地区要高于库首地区。即便到 2017 年，重庆库区城镇化率为 66.6%，远高于湖北库区的 45.4%；库尾地区的城镇化率为 86.6%，远高于库腹地区的 46.6%。

由图 3-18 可知，库首地区各区县城镇化率总体呈上升趋势，其中 2005～2009 年波动较大。夷陵地区经济水平较高，城镇化水平起点高，2005 年城镇化率为

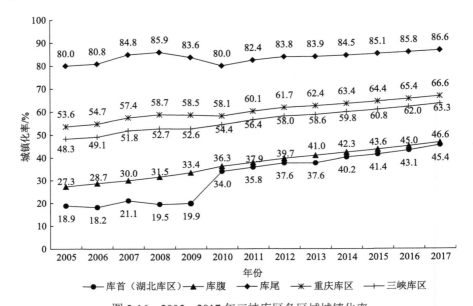

图 3-16 2005~2017 年三峡库区各区域城镇化率

资料来源：《重庆统计年鉴》(2006~2018 年)、《宜昌统计年鉴》(2006~2018 年)、《恩施州统计年鉴》(2006~2018 年)，经整理

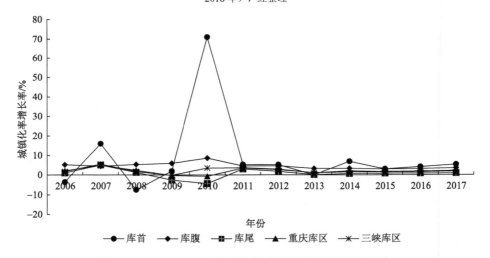

图 3-17 2006~2017 年三峡库区各区域城镇化率增长率

资料来源：《重庆统计年鉴》(2007~2018 年)、《宜昌统计年鉴》(2007~2018 年)、《恩施州统计年鉴》(2007~2018 年)，经整理

23.5%，高于其他区县；兴山城镇化水平增长较快，城镇化率于 2007~2008 年超过夷陵。自 2010 年开始，库首地区各区县城镇化率稳步上升。总体而言，2010~2017 年库首地区各区县城镇化水平由高到低排名依次为夷陵、兴山、秭归、巴东，2017 年城镇化率分别为 55.9%、47.5%、40.8%、37.6%。就增长速度而言，各区

县略有差异，秭归和兴山的城镇化水平年均增长率分别高出库首平均水平 0.42 个百分点及 0.31 个百分点，而夷陵和巴东分别低出库首平均水平 0.09 个百分点及 0.53 个百分点。由此可见，巴东地区城镇化水平及增长速率皆为库首最低，有待进一步提高（表 3-15）。

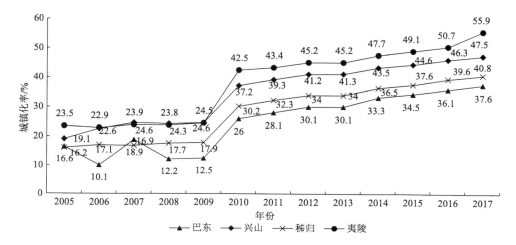

图 3-18　2005～2017 年库首地区各区县城镇化率
资料来源：《宜昌统计年鉴》（2006～2018 年）、《恩施州统计年鉴》（2006～2018 年），经整理

表 3-15　2005～2017 年库首地区各区县城镇化率及年均增长率

区域	城镇化率/%		年均增长率/%
	2005 年	2017 年	
巴东	16.6	37.6	7.05
兴山	19.1	47.5	7.89
秭归	16.2	40.8	8.00
夷陵	23.5	55.9	7.49
库首	18.9	45.4	7.58

资料来源：《宜昌统计年鉴》（2006～2018 年）、《恩施州统计年鉴》（2006～2018 年），经整理

　　库腹地区各区县城镇化水平都呈增长趋势，就城镇化水平而言，2005～2017 年涪陵、万州及开州城镇化水平始终排名前三，2005 年涪陵、万州及开州城镇化率分别为 49.0%、46.0%、27.2%，到 2010 年分别增加至 55.5%、55.0%、35.9%，2017 年涪陵城镇化率比 2010 年上升 11.7 个百分点，万州上升 10.5 个百分点，而开州上升幅度较小，仅为 10.5 个百分点。2005～2017 年，武隆、云阳、巫山城镇化水平上升较低，排名也逐渐下降，武隆和云阳下降 2 个位次，巫山下降 1 个位

次；丰都、石柱排名上升明显，丰都从第 6 位上升至第 4 位，石柱从第 10 位上升至第 7 位；巫溪城镇化水平最低，始终排名在最末端（表 3-16）。从年均增长率来看，库腹地区内部各区县城镇化率年均增速排名由高到低依次为石柱、巫溪、巫山、丰都、奉节、忠县、云阳、开州、武隆、万州、涪陵，其中石柱年均增长率最高，为 7.08%，高出库腹平均水平 2.52 个百分点，而武隆、万州和涪陵 3 个区县城镇化率年均增长率分别低出库腹平均水平 0.20 个百分点、1.57 个百分点、1.89 个百分点（表 3-17）。

表 3-16   2005～2017 年库腹地区各区县城镇化率及排名

区域	2005 年		2010 年		2017 年	
	城镇化率/%	位次	城镇化率/%	位次	城镇化率/%	位次
涪陵	49.0	1	55.5	1	67.2	1
万州	46.0	2	55.0	2	65.5	2
开州	27.2	3	35.9	3	46.4	3
武隆	25.6	4	33.0	5	42.7	6
忠县	24.5	5	32.9	6	43.2	5
丰都	24.1	6	34.5	4	44.9	4
云阳	24.0	7	32.2	9	42.3	9
奉节	23.8	8	32.3	7	42.4	8
巫山	21.2	9	30.0	10	39.9	10
石柱	18.7	10	32.3	8	42.5	7
巫溪	15.8	11	25.4	11	35.3	11

资料来源：《重庆统计年鉴》（2006～2018 年），经整理

表 3-17   2005～2017 年库腹地区各区县城镇化率及年均增长率

区域	城镇化率/%		年均增长率/%
	2005 年	2017 年	
万州	46.0	65.5	2.99
涪陵	49.0	67.2	2.67
丰都	24.1	44.9	5.32
武隆	25.6	42.7	4.36
忠县	24.5	43.2	4.84
开州	27.2	46.4	4.55
奉节	23.8	42.4	4.93
巫山	21.2	39.9	5.41

续表

区域	城镇化率/%		年均增长率/%
	2005 年	2017 年	
巫溪	15.8	35.3	6.93
石柱	18.7	42.5	7.08
云阳	24.0	42.3	4.84
库腹	27.3	46.6	4.56

资料来源：《重庆统计年鉴》（2006～2018 年），经整理

就库尾地区各区县城镇化水平而言，渝中区始终保持 100.0%的城镇化率，发展水平最高；南岸区城镇化水平前期与渝中区持平，后期虽有下降趋势，但仍保持 90%以上的城镇化水平；长寿区城镇化水平最低，2005 年为 43.7%，到 2017 年也仅达到 64.4%的水平。与此同时，长寿区、渝北区、江津区、巴南区、北碚区 5 个区县城镇化率年均增长率高于库尾平均水平，而大渡口区、江北区、南岸区、沙坪坝区及九龙坡区 5 个区城镇化水平呈负增长态势（表 3-18）。

整体而言，库尾地区的城镇化水平最高，大体稳定在 82%左右，且呈缓慢增长趋势，但并非呈稳定快速上升态势。这属于正常现象，因为库尾地区的城镇化水平已经接近或超过部分发达国家的城镇化水平。库尾地区已经进入城镇化后期，经济发展逐渐摆脱对劳动力的过度依赖，发展动力逐步转变到依靠技术进步和管理水平的提升，而此时农村人口维持在保障农业生产的基本水平，难以大规模向城市转移，此时相对较少的农村人口使得农村的劳动生产率大幅上升，农村居民也可获得较为客观的收入，使得库尾地区城镇化速度相对较为缓慢。库首、库腹地区均处于城镇化中期，正快速推进区域内的城镇化进程，尤其是库首地区在 2010 年城镇化率同比提高 14.1 个百分点，主要得益于湖北省 2009 年实施的"两圈一带"（武汉城市圈、鄂西生态文化旅游圈和湖北长江经济带）战略以及长期推进的"一主两副"（武汉为一主中心，宜昌、襄阳为两副中心）战略，库首地区属鄂西生态文化旅游圈和湖北长江经济带，又是宜昌省域副中心的重要组成部分，借势加快旅游、物流和文化产业发展，促进了城镇化飞速发展。

表 3-18　2005～2017 年库尾地区各区县城镇化率及年均增长率

区域	城镇化率/%		年均增长率/%
	2005 年	2017 年	
渝中区	100.0	100.0	0.00
大渡口区	100.0	97.4	−0.22
江北区	100.0	96.1	−0.33

续表

区域	城镇化率/%		年均增长率/%
	2005 年	2017 年	
沙坪坝区	100.0	95.1	−0.42
九龙坡区	100.0	93.0	−0.60
南岸区	100.0	95.4	−0.39
北碚区	65.7	82.3	1.89
渝北区	59.0	81.5	2.73
巴南区	62.9	80.4	2.07
江津区	48.7	66.6	2.64
长寿区	43.7	64.4	3.28
库尾	80.0	86.6	0.66

资料来源:《重庆统计年鉴》(2006～2018 年),经整理

3.2.4　金融发展

需要声明一点,衡量区域金融发展的最优指标绝非城乡居民储蓄存款余额。城乡居民储蓄存款余额是对金融发展衡量的次优指标,在一定程度上反映金融发展程度。城乡居民储蓄存款余额越大,金融机构的资本实力越强,金融发展相对较好。由于库区金融发展指标获取的有限性,课题组在权衡之下选择城乡居民储蓄存款余额作为区域金融发展的指标。由图 3-19 可知,三峡库区金融发展速度同经济总量增速类似,都经历了近似直线的增长过程,城乡居民储蓄存款余额由 2005 年的 1945 亿元增长至 2017 年的 7958 亿元,年均增长 12.46%,并且这种高速增长态势并未有任何减弱迹象。同样,尽管各区域都保持了较快的增长速度,但是略有差异,仍是以库首最高,库腹次之,库尾相对略低。

库首地区城乡居民储蓄存款余额由 2005 年的 61.08 亿元以几何增长态势猛增至 2017 年的 335.55 亿元,年均增长 15.25%。库首地区内部各区县城乡居民储蓄存款余额增速排名由高到低依次为巴东、秭归、兴山、夷陵。巴东城乡居民储蓄存款余额由 2005 年的 9.55 亿元上升至 2017 年的 60.25 亿元,增幅达 5.31 倍,年均增长 16.59%;2017 年夷陵的城乡居民储蓄存款余额为 167.30 亿元,是库首地区城乡居民储蓄存款余额最多的区县,2005～2017 年年均增长 14.62%(表 3-19)。

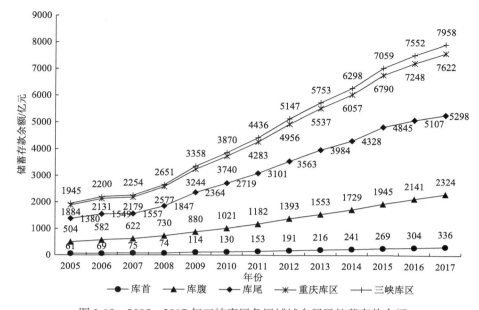

图 3-19　2005～2017 年三峡库区各区域城乡居民储蓄存款余额

资料来源：《重庆统计年鉴》（2006～2018 年）、《宜昌统计年鉴》（2006～2018 年）、《恩施州统计年鉴》（2006～2018 年），经整理

表 3-19　2005～2017 年库首地区城乡居民储蓄存款余额　（单位：亿元）

年份	巴东	兴山	秭归	夷陵	库首
2005	9.55	7.23	11.78	32.52	61.08
2006	12.30	8.42	12.84	35.40	68.96
2007	14.78	9.09	14.73	36.86	75.46
2008	18.43	11.20	17.82	26.68	74.13
2009	22.09	14.05	22.34	55.06	113.54
2010	25.50	16.29	25.41	63.23	130.43
2011	29.41	18.41	31.66	73.84	153.32
2012	33.35	22.07	38.49	97.49	191.40
2013	37.61	25.62	42.53	109.94	215.70
2014	41.27	28.20	49.46	122.20	241.13
2015	44.76	32.06	56.22	136.04	269.08
2016	52.72	35.33	62.84	153.30	304.19
2017	60.25	38.60	69.40	167.30	335.55

资料来源：《宜昌统计年鉴》（2006～2018 年）、《恩施州统计年鉴》（2006～2018 年），经整理

　　库腹地区由 2005 年的 503.55 亿元增长至 2017 年的 2324.42 亿元，年均增长 13.59%。库腹地区内部各区县城乡居民储蓄存款余额增速排名由高到低依次为巫

溪、武隆、奉节、云阳、巫山、石柱、丰都、开州、忠县、涪陵、万州。2017 年，城乡居民储蓄存款余额最多的是万州，而巫溪城乡居民储蓄存款余额最少。万州城乡居民储蓄存款余额由 2005 年的 139.78 亿元上升至 2017 年的 558.57 亿元，增幅达 3.00 倍，年均增长 12.24%。巫溪城乡居民储蓄存款余额由 2005 年的 11.77 亿元上升至 2017 年的 72.42 亿元，增幅达 5.15 倍，年均增长 16.35%（表 3-20）。

表 3-20　2005～2017 年库腹地区城乡居民储蓄存款余额　（单位：亿元）

年份	万州	涪陵	丰都	武隆	忠县	开州	云阳	奉节	巫山	巫溪	石柱	库腹
2005	139.78	80.64	34.97	14.38	52.59	67.74	39.42	24.38	16.56	11.77	21.32	503.55
2006	158.91	90.22	39.82	17.43	60.27	79.58	48.13	29.36	19.64	14.35	24.47	582.18
2007	164.15	92.51	43.29	19.89	64.51	85.83	54.43	32.93	20.95	16.46	26.83	621.78
2008	184.12	112.22	51.32	24.82	75.00	100.87	65.04	39.46	25.08	21.52	30.98	730.43
2009	221.18	134.12	63.36	30.14	91.40	119.50	79.62	47.28	30.70	24.25	38.59	880.14
2010	249.92	156.08	74.62	37.01	102.88	137.20	92.72	55.78	36.65	31.14	47.27	1021.27
2011	288.67	178.88	87.19	43.87	119.04	157.50	104.68	66.41	43.51	37.54	54.50	1181.79
2012	340.26	208.73	105.96	51.02	139.42	184.59	125.99	78.88	50.91	43.64	63.47	1393.36
2013	381.34	229.18	118.57	57.28	155.41	203.21	141.87	89.19	54.21	48.65	73.77	1552.68
2014	425.01	257.48	132.79	65.25	173.18	222.53	158.21	99.25	57.95	53.46	83.51	1728.62
2015	482.96	285.12	146.51	71.82	194.91	256.57	179.48	110.57	64.41	60.08	92.55	1944.98
2016	527.55	302.42	162.63	79.79	215.65	288.55	200.65	121.31	76.81	65.82	99.56	2140.74
2017	558.57	324.12	173.56	86.89	235.19	317.33	218.39	141.53	88.84	72.42	107.58	2324.42

资料来源：《重庆统计年鉴》（2006～2018 年），经整理

库尾地区由 2005 年的 1379.77 亿元增长 2017 年的 5298.13 亿元，年均增长 11.86%。库尾地区内部各区城乡居民储蓄存款余额年均增长率排名由高到低依次为渝北区、江津区、巴南区、大渡口区、江北区、南岸区、北碚区、长寿区、九龙坡区、沙坪坝区、渝中区。其中，渝北区城乡居民储蓄存款余额由 2005 年的 116.28 亿元上升至 2017 年的 879.57 亿元，增幅达 6.56 倍，年均增长 18.37%，同时在 2017 年库尾地区中城乡居民储蓄存款余额最多（表 3-21）。

表 3-21　2005～2017 年库尾地区城乡居民储蓄存款余额　（单位：亿元）

年份	渝中区	大渡口区	江北区	沙坪坝区	九龙坡区	南岸区	北碚区	渝北区	巴南区	江津区	长寿区	库尾
2005	260.67	43.02	127.69	184.21	200.18	123.01	81.37	116.28	79.72	94.12	69.50	1379.77
2006	285.41	49.38	143.56	208.74	223.58	136.30	90.64	140.62	89.05	105.00	76.79	1549.07
2007	253.88	49.21	151.31	206.55	226.15	136.83	92.95	154.89	90.97	112.14	82.45	1557.33
2008	320.37	57.30	178.75	227.41	266.23	156.28	114.94	188.73	109.82	130.68	96.55	1847.06

续表

年份	渝中区	大渡口区	江北区	沙坪坝区	九龙坡区	南岸区	北碚区	渝北区	巴南区	江津区	长寿区	库尾
2009	376.38	75.71	237.83	290.38	338.17	205.53	131.51	291.23	139.65	160.60	117.46	2364.45
2010	416.70	86.41	279.59	328.25	384.60	235.19	157.20	348.15	160.05	187.95	134.67	2718.76
2011	454.97	101.80	328.69	351.77	426.46	281.32	182.13	416.40	188.57	215.05	153.63	3100.79
2012	504.98	116.05	374.74	397.56	468.63	317.84	205.86	531.09	218.24	252.09	175.47	3562.55
2013	536.12	134.27	430.17	436.00	518.41	355.07	230.43	629.56	244.31	279.73	189.72	3983.79
2014	549.98	145.29	453.12	472.09	571.15	382.51	258.72	694.46	275.02	316.92	208.45	4327.71
2015	632.18	166.85	488.23	524.35	620.92	427.66	284.01	803.75	307.48	364.10	225.28	4844.81
2016	590.01	178.40	510.34	561.61	652.23	455.37	303.16	871.35	340.88	402.00	241.47	5106.82
2017	590.31	181.35	527.77	596.87	671.85	483.61	312.43	879.57	360.08	437.46	256.83	5298.13

资料来源：《重庆统计年鉴》（2006～2018 年），经整理

此外，2005～2017 年，库首、库腹地区的城乡居民储蓄存款余额份额并无明显改变，尽管库首地区的增长速度最高，但其份额增加仅为 1.1 个百分点，库腹地区也增加了 3.3 个百分点（图 3-20）。可见，三峡库区各区域的金融发达程度未能发生显著改变，在短期内库尾地区的绝对优势地位难以撼动，库首、库腹地区的金融弱势地位也不会发生较大改变，各区域金融发展维持在既有格局中。

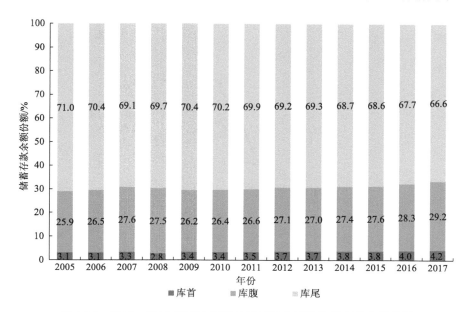

图 3-20　2005～2017 年三峡库区各区域城乡居民储蓄存款余额份额

资料来源：《重庆统计年鉴》（2006～2018 年）、《宜昌统计年鉴》（2006～2018 年）、《恩施州统计年鉴》（2006～2018 年），经整理

3.2.5 公共财政预算收入

由图 3-21 可知，三峡库区的公共财政预算收入呈波动增长趋势，公共财政预算收入由 2005 年的 96 亿元上升到 2017 年的 663 亿元，年均增长约 17.47%。其中 2005～2011 年呈快速增长态势，年均增长率达 33.48%，而 2011 年增长幅度最大，比上年增长 62.57%；2011～2012 年虽然呈继续增长态势，公共财政预算收入由 543 亿元增长至 606 亿元，但增速下滑为 11.60%；2012～2013 年出现下降，由 606 亿元下降至 532 亿元，下降了 12.21%；2013～2015 年呈上升趋势，至 2015 年上升至 667 亿元，增长了 25.38%；2015～2017 年呈轻微下降趋势，下降了 0.60%。

尽管库区整体呈增长态势，库区各区域财政收入依然十分明显。一方面，就公共财政预算收入增长速度而言，重庆库区略高于湖北库区，库腹地区高于库首地区，库首地区高于库尾地区，湖北库区公共财政预算收入年均增长 17.03%，重庆库区年均增长 17.50%，库腹地区年均增长 19.85%，库尾地区年均增长 16.57%。另一方面，就各区域公共财政预算收入所占份额而言，库首地区变化较小，比例维持在 5% 左右；库腹地区份额呈上升趋势，由 2005 年的 23.9% 上升至 2017 年的 30.5%；库尾地区份额呈下降趋势，由 2005 年的 71.3% 下降至 2017 年的 64.5%。可以看出，库尾地区份额虽有下降，但仍占据主导地位（图 3-22）。

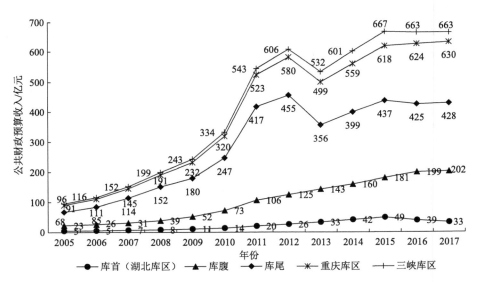

图 3-21　2005～2017 年三峡库区库首、库腹、库尾公共财政预算收入

资料来源：《重庆统计年鉴》（2006～2018 年）、《宜昌统计年鉴》（2006～2018 年）、《恩施州统计年鉴》（2006～2018 年），经整理

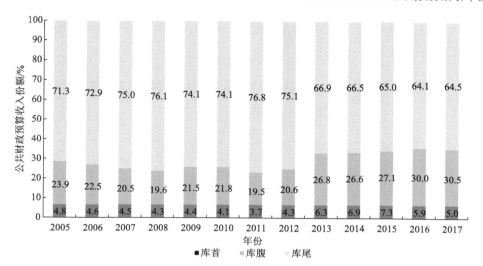

图 3-22　2005～2017 年三峡库区库首、库腹、库尾公共财政预算收入份额
资料来源：《重庆统计年鉴》（2006～2018 年）、《宜昌统计年鉴》（2006～2018 年）、《恩施州统计年鉴》（2006～2018 年），经整理

　　库首地区公共财政预算收入由 2005 年的 4.56 亿元增至 2017 年的 32.97 亿元，年均增长 17.92%。库首地区内部各区县公共财政预算收入年均增长率排名由高到低依次为夷陵、兴山、秭归、巴东（表 3-22），夷陵公共财政预算收入在库首地区各区县的增幅最大，年均增长率最高。

表 3-22　2005～2017 年库首地区各区县公共财政预算收入及年均增长率

区域	公共财政预算收入/亿元		年均增长率/%
	2005 年	2017 年	
巴东	0.85	4.38	14.64
兴山	0.77	5.20	17.25
秭归	0.77	5.19	17.23
夷陵	2.17	18.20	19.39
库首	4.56	32.97	17.92

资料来源：《宜昌统计年鉴》（2006～2018 年）、《恩施州统计年鉴》（2006～2018 年），经整理

　　库腹地区公共财政预算收入由 2005 年的 22.65 亿元增至 2017 年的 202.25 亿元，年均增长 20.01%。库腹地区内部各区县公共财政预算收入年均增长率排名由高到低依次为巫溪、丰都、石柱、云阳、奉节、万州、巫山、忠县、开州、武隆、涪陵（表 3-23）。其中，2005～2017 年库腹地区各区县公共财政预算收入中，万

州的增幅最大，并且年均增长率名列前茅，而巫溪县的年均增长率在库腹地区各区县中最高。

表 3-23 2005～2017 年库腹地区各区县公共财政预算收入及年均增长率

区域	公共财政预算收入/亿元		年均增长率/%
	2005 年	2017 年	
万州	5.45	51.01	20.49
涪陵	6.27	46.30	18.13
丰都	1.15	14.08	23.21
武隆	1.39	11.07	18.88
忠县	1.41	12.32	19.80
开州	2.25	18.25	19.06
云阳	1.18	12.46	21.70
奉节	1.32	12.72	20.78
巫山	0.90	8.39	20.45
巫溪	0.44	5.77	23.92
石柱	0.89	9.88	22.21
库腹	22.65	202.25	20.01

资料来源：《重庆统计年鉴》（2006～2018 年）

库尾地区公共财政预算收入由 2005 年的 67.53 亿元增至 2017 年的 428.48 亿元，年均增长 16.65%。库尾地区内部各区县公共财政预算收入年均增长率排名由高到低依次为江津区、南岸区、北碚区、巴南区、江北区、长寿区、九龙坡区、渝北区、沙坪坝区、大渡口区、渝中区（表 3-24）。其中，在库尾地区各区县公共财政预算收入中，江北区的增长幅度最大，而江津区的年均增长率最高，达到 20.92%。

表 3-24 2005～2017 年库尾地区各区县公共财政预算收入及年均增长率

区域	公共财政预算收入/亿元		年均增长率/%
	2005 年	2017 年	
渝中区	10.66	36.77	10.87
大渡口区	3.32	14.30	12.94
江北区	8.31	56.92	17.39
沙坪坝区	9.53	49.62	14.74
九龙坡区	6.87	44.59	16.87
南岸区	5.58	52.06	20.45

续表

区域	公共财政预算收入/亿元		年均增长率/%
	2005 年	2017 年	
北碚区	2.92	21.52	18.11
渝北区	7.10	45.83	16.81
巴南区	3.87	27.89	17.89
江津区	5.30	51.77	20.92
长寿区	4.07	27.21	17.16
库尾	67.53	428.48	16.65

资料来源：《重庆统计年鉴》（2006~2018 年），经整理

为了更好地说明三峡库区各区县公共财政预算收入的时空演变格局和空间差异，根据图 3-21、图 3-22、表 3-22 到表 3-24，对研究的 26 个区县做横向对比，并进行财政收入水平阶段划分，划分为低水平、较低水平、中等水平、较高水平、高水平等 5 个等级水平（这里的高、中、低是相对的概念，是三峡库区内部比较出来的结果。划分标准按照财政收入依次排序）。2005~2017 年，三峡库区公共财政预算收入水平呈稳定增长趋势，到 2017 年三峡库区公共财政预算收入表现为低水平的区县主要是兴山、秭归、巴东、巫山、巫溪；关于表现为较低水平区县，2005 年有 5 个区县为较低水平，2009 年、2013 年、2017 年都是有 6 个区县为较低水平，在 2005~2017 年，云阳、奉节、忠县、丰都、武隆、石柱等 6 个区县由低水平提升为较低水平；中等水平区县，2006 年只有长寿、巴南 2 个区县，2009年只有夷陵，2013 年有夷陵、长寿、巴南、北碚 4 个区县表现为中等水平，2017年的开州、夷陵、北碚的公共财政预算收入水平为中等水平；较高水平区县，由 2005 年的 6 个区县增加到 2009 年的 7 个区县，再由 2009 年的 7 个区县减少到 2013年的 6 个区县，最后 2017 年有 2 个区县为较高水平；高水平区县，由 2005 年只有江北、沙坪坝 2 个区县，到 2017 年呈现高水平区县有 8 个，增加了 6 个区县，说明三峡库区整体的公共财政预算收入水平在提高。

3.2.6 公共财政预算支出

如图 3-23 所示，三峡库区 2005~2017 年公共财政预算支出整体呈波动增长趋势。2005~2012 年上升态势明显，公共财政预算支出总额从 208 亿元增加至 1138亿元，增长幅度达 4.47 倍，年均增长率达 27.48%；2013 年出现下降，下降至 1061亿元，下降比率为 6.77%；2013~2017 年又呈增长趋势，其中 2013~2015 年增速

较快，年均增速达 11.96%，此后两年公共财政预算支出总额继续上升但增速放缓，2015～2017 年年均增速为 3.66%。值得注意的是，库区 2005～2017 年公共财政预算支出均大于公共财政预算收入，且差额逐年增大，说明库区各区县实行扩张性财政政策，以此促进经济增长。

尽管公共财政预算支出呈增长态势，但各区域差异较大。重庆库区公共财政预算支出大于湖北库区，库尾地区公共财政预算支出大于库腹地区，库腹地区公共财政预算支出大于库首地区；从公共财政预算支出年均增长率来看，重庆库区低于湖北库区，库腹地区高于库首地区，库首地区高于库尾地区，湖北库区公共财政预算支出年均增长 17.65%[①]，重庆库区年均增长 17.40%，库腹地区年均增长 18.80%，库尾地区年均增长 16.28%。就各区域公共财政预算支出所占份额而言，库首地区变化较小，比例维持在 8%左右；库腹地区份额呈上升趋势，由 2005 年的 38.5%上升至 2017 年的 44.3%；库尾地区份额呈下降趋势，由 2005 年的 54.7%下降至 2017 年的 48.8%。可以看出，库尾地区份额虽然最大，但与库腹地区差距正在逐步缩小（图 3-24）。

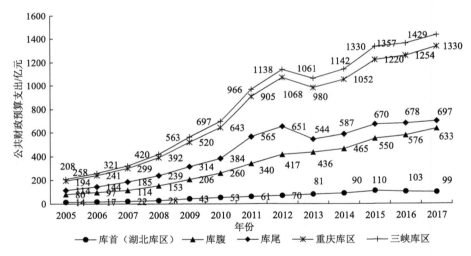

图 3-23　2005～2017 年三峡库区库首、库腹、库尾公共财政预算支出
资料来源：《重庆统计年鉴》（2006～2018 年）、《宜昌统计年鉴》（2006～2018 年）、《恩施州统计年鉴》（2006～2018 年），经整理

库首地区公共财政预算支出由 2005 年的 14.09 亿元增至 2017 年的 99.13 亿元，年均增长 17.65%。库首地区内部各区县公共财政预算支出年均增长率排名由高到低依次为兴山、秭归、巴东、夷陵，各为 18.95%、18.76%、17.83%、16.20%

---

① 因四舍五入原因，计算所得数值有时与实际数值有些微出入，特此说明。

（表 3-25）。其中，夷陵县财政预算支出增幅在库首地区各区县的最大，而年均增长率最高为兴山。

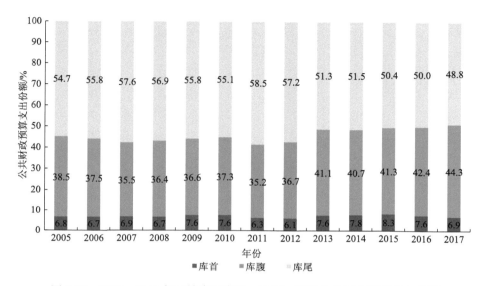

图 3-24   2005～2017 年三峡库区库首、库腹、库尾公共财政预算支出份额
资料来源：《重庆统计年鉴》（2006～2018 年）、《宜昌统计年鉴》（2006～2018 年）、《恩施州统计年鉴》（2006～2018 年），经整理

表 3-25   2005～2017 年库首地区各区县公共财政预算支出及年均增长率

区域	公共财政预算支出/亿元		年均增长率/%
	2005 年	2017 年	
巴东	3.57	25.57	17.83
兴山	2.24	17.97	18.95
秭归	2.99	23.54	18.76
夷陵	5.29	32.05	16.20
库首	14.09	99.13	17.65

资料来源：《宜昌统计年鉴》（2006～2018 年）、《恩施州统计年鉴》（2006～2018 年），经整理

　　库腹地区公共财政预算支出由 2005 年的 80.10 亿元增至 2017 年的 633.06 亿元，年均增长 18.80%。库腹地区内部各区县公共财政预算支出增速排名由高到低依次为丰都、奉节、开州、石柱、云阳、武隆、巫溪、巫山、忠县、万州、涪陵（表 3-26），其中万州由 2005 年的 15.75 亿元提升至 2017 年的 109.52 亿元，增幅在各区县中最大，而年均增长率为 17.54%，增长率在库腹地区各区县较低。相比之下，丰都的公共财政预算支出的年均增长率最大，达到 21.82%。

表 3-26　2005～2017 年库腹地区各区县公共财政预算支出及年均增长率

区域	公共财政预算支出/亿元		年均增长率/%
	2005 年	2017 年	
万州	15.75	109.52	17.54
涪陵	14.36	93.42	16.89
丰都	4.64	49.58	21.82
武隆	4.51	37.76	19.37
忠县	5.96	44.08	18.15
开州	7.84	67.99	19.72
云阳	6.99	58.78	19.42
奉节	6.33	59.32	20.50
巫山	5.06	39.56	18.69
巫溪	4.27	35.61	19.33
石柱	4.39	37.44	19.56
库腹	80.10	633.06	18.80

资料来源：《重庆统计年鉴》（2006～2018 年），经整理

库尾地区公共财政预算支出由 2005 年的 113.98 亿元增至 2017 年的 696.71 亿元，年均增长 16.28%。库尾地区内部各区县公共财政预算支出年均增速排名由高到低依次为江津区、江北区、南岸区、北碚区、九龙坡区、巴南区、渝北区、长寿区、大渡口区、沙坪坝区、渝中区（表 3-27）。其中，江津区公共财政预算支出由 2005 年的 10.94 亿元上升至 2017 年的 88.90 亿元，增幅达 7.13 倍，年均增长 19.08%。在库尾地区各区公共财政预算支出中，江津区增幅和年均增长率均处于最高水平。

表 3-27　2005～2017 年库尾地区各区公共财政预算支出及年均增长率

区域	公共财政预算支出/亿元		年均增长率/%
	2005 年	2017 年	
渝中区	15.51	62.29	12.28
大渡口区	4.40	25.68	15.84
江北区	10.82	75.66	17.59
沙坪坝区	14.90	69.18	13.65
九龙坡区	10.78	71.52	17.08
南岸区	11.04	77.18	17.59
北碚区	6.07	41.99	17.49

区域	公共财政预算支出/亿元		年均增长率/%
	2005 年	2017 年	
渝北区	12.58	78.25	16.45
巴南区	8.77	56.69	16.83
江津区	10.94	88.90	19.08
长寿区	8.17	49.37	16.17
库尾	113.98	696.71	16.28

资料来源：《重庆统计年鉴》（2006～2018 年），经整理

3.3　社会系统现状分析

　　社会系统是由作为社会主体的人按照一定的社会形式组织起来的，在从事各种社会活动的过程中，通过与自然环境之间和人与人之间的物质、能量、信息的交换，体现人类自身发展的有机整体。社会系统以人的发展为核心，无论是环境系统还是经济系统，其最终落脚点都在社会系统。维持良好的环境系统是为了给人们提供一个健康、舒适的自然环境，良好的生态环境也是最普惠的民生福祉；经济的发展也最终是为了实现个体的全面发展，否则无论区域环境维护得再全面，区域经济增长得再迅猛，若没有以人为核心，建立在以人为本的基础之上，都是没有任何意义的。因为所有的增长和发展，个体若不能分享，则区域个体乃至整个区域会逐渐丧失生产和生活的积极性和创造性，整个社会系统会趋于衰退，环境-经济-社会复合生态系统会趋于崩溃。因此，对三峡库区社会系统的基本判识，将主要集中在对影响区域人口集聚和人们生产生活的社会条件的概述上，准确地说，是对库区社会事业发展状况的部分介绍。

3.3.1　人口变动

　　由图 3-25 可知，三峡库区整体属于人口的集聚区，三峡库区总人口在 2005～2017 年一直保持较为缓慢的增长，总人口数由 1873 万人缓慢增长至 2084 万人，年均增长约 0.89%。尽管总体上呈增长态势，但是各区域表现出的人口集聚能力却有着显著差异。

图 3-25 2005~2017 年三峡库区各区域人口数量

资料来源:《重庆统计年鉴》(2006~2018 年)、《宜昌统计年鉴》(2006~2018 年)、《恩施州统计年鉴》(2006~2018 年),经整理

　　库首地区的人口数量从 2005 年的 157.4 万人减少至 2017 年的 149.0 万人,年均下降约 0.46%,属人口净流出地区,人口集聚能力较弱。除夷陵区以外,内部各区县人口数总体均呈现下降趋势。其中巴东县人口数从 2005 年的 48.3 万人减少至 2017 年的 42.9 万人,年均下降约 0.98%;兴山县由 2005 年的 18.3 万人减少至 2017 年的 16.7 万人,年均下降约 0.76%;秭归县由 2005 年的 39.2 万人减少至 2017 年的 37.3 万人,年均下降约 0.41%;夷陵区人口数则略有增加,从 2005 年的 51.6 万人缓慢增加至 2017 年的 52.1 万人,年均增长约 0.08%(表 3-28)。造成库首地区人口减少的原因可能是库首地区属于湖北省鄂西生态文化旅游圈,为国家限制开发区中的重点生态功能区,生态环境承载力较弱,人口容纳能力有限。其发展导向应以保护和修复生态环境、提供生态产品为首要任务,并因地制宜地发展不影响主体功能定位的适宜产业,引导超载人口逐步有序转移。库首地区人口的适量减少会更有利于当地生态保护、经济增长和社会发展。

表 3-28 2005~2017 年库首地区人口数量　　(单位:万人)

年份	巴东县	兴山县	秭归县	夷陵区	库首
2005	48.3	18.3	39.2	51.6	157.4
2006	43.7	17.6	37.7	52.6	151.6
2007	43.5	17.5	37.6	52.0	150.6
2008	43.6	17.5	37.6	53.0	151.7
2009	43.9	17.5	37.6	52.0	151.0
2010	42.1	17.1	36.7	50.0	145.9

续表

年份	巴东县	兴山县	秭归县	夷陵区	库首
2011	42.2	16.9	35.9	51.8	146.8
2012	42.3	17.0	36.0	52.1	147.4
2013	42.4	17.1	36.1	52.2	147.8
2014	42.4	17.1	36.1	52.3	147.9
2015	42.5	17.0	38.0	52.3	149.8
2016	42.7	16.9	37.5	52.3	149.4
2017	42.9	16.7	37.3	52.1	149.0

资料来源：《宜昌统计年鉴》（2006~2018 年）、《恩施州统计年鉴》（2006~2018 年），经整理

库腹地区与库首地区相似，虽总体人口数量下降趋势不及库首地区，但总体人口数量也从 2005 年的 868.68 万人减少至 2017 年的 849.41 万人，年均下降约 0.19%，处于人口净流出状态，人口集聚能力弱。内部各区县除万州区、涪陵区、开州区人口数量略微增加外，其他区县均呈下降趋势。其中涪陵区增长趋势最为明显，从 2005 年的 101.32 万人增加至 2017 年的 116.02 万人，年均增长1.14%，相比之下开州区人口增长幅度不大，截至 2017 年，人口数为 118.05 万人，年均增长仅有 0.15%。本书认为，涪陵区人口数增加较多的原因可能是涪陵区本身地理位置优越，地处长江、乌江交汇处，且是乌江流域 20 多个县市区中最大的城市，人口基数大，同时涪陵区发展前景可观。据资料调查，涪陵区政府计划力争将涪陵打造成为双百现代化大城市，城区绕城高速环线等其他基础设施也逐步完善，对外吸引人口入住能力增强，人口数量增加。人口流失区县中奉节县人口数从 2005 年的 86.03 万人减少至 2017 年的 72.79 万人，年均下降1.38%，是库腹 11 个区县中下降幅度最大的，究其原因可能是奉节县的经济发展相比其他区县略弱，能提供给本地人的工作机会较少，于是大量本地人外出求职，导致人口流失；除此之外，巫溪县、石柱县、丰都县、云阳县、巫山县、忠县、武隆区人口数量均呈下降趋势，巫溪县人口数量从 2005 年的 44.46 万人减少至 2017 年的 38.53 万人，下降幅度较大，年均下降 1.19%（表 3-29）。巫溪县地处渝东北地区，是秦巴山区集中连片的国家扶贫开发工作重点县，虽然脱贫攻坚目标任务已完成，县区经济发展较好，但相比周边其他区县，发展仍较为缓慢，因此众多年轻人选择外出求学、打工谋生，导致人口流失。但是库腹地区中除涪陵区外的区县也正是重点的生态功能区，生态环境承载力较弱，人口流失带来的人口减少将更有利于当地在不破坏生态系统的前提下，生态优先、绿色发展。

表 3-29 2005～2017 年库腹地区人口数量　　（单位：万人）

年份	万州区	涪陵区	丰都县	武隆区	忠县	开州区	云阳县	奉节县	巫山县	巫溪县	石柱县	库腹
2005	151.64	101.32	64.50	34.79	74.67	115.99	101.71	86.03	50.10	44.46	43.47	868.68
2006	151.73	101.31	64.33	34.71	74.60	115.72	101.55	85.76	50.00	44.33	43.34	867.38
2007	151.91	101.45	63.95	53.67	74.11	115.19	101.01	85.18	49.59	43.88	34.42	874.36
2008	153.32	102.55	64.02	53.60	74.01	115.16	101.09	85.09	49.53	43.78	34.34	876.49
2009	154.22	103.17	64.17	34.53	74.27	115.48	101.36	85.47	49.78	43.93	43.11	869.49
2010	156.31	106.67	64.92	35.10	75.14	116.03	91.29	83.43	49.51	41.41	41.51	861.32
2011	157.22	108.36	63.95	34.85	74.82	116.08	91.11	81.93	48.99	40.95	41.14	859.40
2012	158.31	109.84	62.86	34.97	74.19	116.16	90.69	80.02	47.85	40.42	41.21	856.52
2013	159.54	111.78	62.03	34.94	73.14	116.19	90.15	78.50	46.98	39.78	39.91	852.94
2014	160.46	113.61	61.19	34.81	72.15	116.76	89.87	77.39	46.60	39.23	39.21	851.28
2015	160.74	114.08	59.56	34.67	70.80	117.07	89.66	75.33	46.23	39.10	38.65	845.89
2016	162.33	114.82	58.74	34.60	71.67	117.47	91.28	74.04	45.55	38.90	38.34	847.74
2017	163.58	116.02	57.86	34.72	72.45	118.05	92.67	72.79	44.83	38.53	37.91	849.41

资料来源：《重庆统计年鉴》（2006～2018 年），经整理

　　与库首、库腹地区相反，库尾地区呈现出较强的人口集聚功能，人口数从 2005 年的 847.23 万人增长至 2017 年的 1086.21 万人，年均增长率高达 2.09%。除渝中区人口略微减少之外，其他内部各区县人口数均在缓慢增长。其中，渝中区人口数从 2005 年的 69.78 万人减少至 2017 年的 65.90 万人，年均下降 0.48%，波动浮动不大，属于正常人口流动；人口数增加的区县按年均增长率由高到低分别为：渝北区、大渡口区、江北区、沙坪坝区、南岸区、九龙坡区、巴南区、北碚区、长寿区、江津区。渝北区人口数从 2005 年的 86.16 万人增加至 2017 年的 163.23 万人，年均增长 5.47%，是库尾 11 个区县乃至三峡库区所有 26 个区县中增长幅度最大的。渝北区位于重庆主城区北部，地理位置优越，各种工厂、企业落户多，经济发展迅速，同时渝北区的各种基础设施发达，教育、卫生也处于三峡库区中靠前的地方，自然人口集聚能力强，导致人口增多。除此之外，大渡口区人口数量从 2005 年的 26.23 万人增加至 2017 年的 35.50 万人，年均增长 2.55%；江北区人口数量从 2005 年的 65.07 万人增加至 2017 年的 87.44 万人，年均增长 2.49%；沙坪坝区人口数量从 2005 年的 86.24 万人增加至 2017 年的 115.08 万人，年均增长 2.43%；南岸区人口数量从 2005 年的 66.76 万人增加至 2017 年的 89.10 万人，年均增长 2.43%（表 3-30）。可以看出，重庆主城区人口不仅基数大，而且增速也快，这和其地理位置有很大关联，同时作为重庆经济区的核心组成部分，主城区制造业和现代服务业也较发达，就业容纳能力较强，对外吸引能力强。

表 3-30　2005～2017 年库尾地区人口数量　　　（单位：万人）

年份	渝中区	大渡口区	江北区	沙坪坝区	九龙坡区	南岸区	北碚区	渝北区	巴南区	江津区	长寿区	库尾
2005	69.78	26.23	65.07	86.24	94.65	66.76	67.35	86.16	83.27	126.54	75.18	847.23
2006	70.42	26.58	66.13	87.68	96.51	67.95	68.65	89.85	85.19	126.36	75.17	860.49
2007	71.09	26.96	67.36	89.08	97.95	69.15	70.01	92.91	87.11	126.49	75.36	873.47
2008	71.16	27.22	68.68	90.21	99.53	70.37	71.90	95.80	89.54	127.51	76.29	888.21
2009	71.84	27.72	69.62	91.42	100.82	71.52	73.14	97.62	90.79	127.94	76.80	899.23
2010	63.01	30.10	73.80	100.00	108.44	75.96	68.04	134.54	91.87	123.31	77.00	946.07
2011	63.90	31.58	77.66	104.35	111.63	78.98	72.10	138.64	93.47	108.36	78.29	958.96
2012	64.93	32.65	81.02	108.07	114.77	81.46	74.52	143.32	94.62	109.84	78.72	983.92
2013	65.02	32.84	83.01	110.31	115.94	82.95	76.09	146.52	95.85	126.42	80.28	1015.23
2014	65.04	33.04	83.87	111.20	117.01	84.01	77.09	150.35	97.37	129.25	80.91	1029.14
2015	64.95	33.27	84.98	112.83	118.69	85.81	78.62	155.09	100.58	133.19	82.43	1050.44
2016	65.72	34.00	86.14	113.39	120.18	87.39	79.61	160.25	105.12	135.33	82.57	1069.70
2017	65.90	35.50	87.44	115.08	121.51	89.10	80.58	163.23	106.72	137.40	83.75	1086.21

资料来源：《重庆统计年鉴》（2006～2018 年），经整理

3.3.2　居民人均可支配收入

由表 3-31 可知，三峡库区城乡居民人均可支配收入增长较快，且农村居民人均可支配收入增速快于城镇居民人均可支配收入，城镇居民人均可支配收入由 2005 年的 8776 元增加至 2017 年的 31 693 元，年均增长 11.29%，农村居民人均可支配收入由 2005 年的 2888 元增长至 2017 年的 13 469 元，年均增长 13.69%。各区域居民人均可支配收入呈显著上升趋势，城乡收入绝对差距在扩大的同时，相对收入差距在逐渐缩小。

表 3-31　2005～2017 年三峡库区各区域城镇居民与农村居民人均可支配收入（单位：元）

区域		2005 年	2006 年	2007 年	2008 年	2009 年	2010 年	2011 年	2012 年	2013 年	2014 年	2015 年	2016 年	2017 年
库首地区	城镇	7 561	7 975	8 963	10 086	10 983	12 142	13 967	15 877	17 719	21 348	23 387	25 547	27 907
	农村	2 464	2 711	3 115	3 576	3 967	4 550	5 376	6 147	6 952	9 406	10 340	11 242	12 242
库腹地区	城镇	7 838	8 586	9 842	10 811	12 748	14 223	16 469	18 819	20 733	22 419	24 538	26 846	29 285
	农村	2 351	2 462	2 995	3 548	3 942	4 694	5 859	6 739	7 640	8 464	9 470	10 468	11 503
库尾地区	城镇	10 156	11 408	13 506	15 207	16 883	18 763	21 592	24 275	26 547	27 832	30 060	32 639	35 479
	农村	3 578	3 841	4 652	5 506	6 101	7 114	8 578	9 750	10 970	12 018	13 278	14 538	15 881

续表

区域		2005 年	2006 年	2007 年	2008 年	2009 年	2010 年	2011 年	2012 年	2013 年	2014 年	2015 年	2016 年	2017 年
重庆库区	城镇	8 997	9 997	11 674	13 009	14 815	16 493	19 031	21 547	23 640	25 126	27 299	29 743	32 382
	农村	2 964	3 152	3 824	4 527	5 022	5 904	7 218	8 244	9 305	10 241	11 374	12 503	13 692
三峡库区	城镇	8 776	9 686	11 257	12 559	14 226	15 824	18 252	20 675	22 729	24 544	26 697	29 097	31 693
	农村	2 888	3 084	3 714	4 381	4 859	5 696	6 935	7 922	8 943	10 112	11 215	12 309	13 469

资料来源:《重庆统计年鉴》(2006~2018 年)、《宜昌统计年鉴》(2006~2018 年)、《恩施州统计年鉴》(2006~2018 年)、三峡库区各区县国民经济和社会发展统计公报(2006~2018 年),经整理

库首地区的城镇居民人均可支配收入从 2005 年的 7561 元增加至 2017 年的 27 907 元,年均增长 11.50%。库首地区内部各区县城镇居民人均可支配收入增速排名由高到低为夷陵区、秭归县、兴山县、巴东县。其中,夷陵区近几年有序推进新型城镇化,顺应规律打造魅力主城区,高效推进基础设施和产业发展的深度融合,经济、社会一体化发展取得成效,城镇居民人均可支配收入增加趋势明显,从 2005 年的 8236 元增加至 2017 年的 33 613 元,年均增长 12.43%,实属可贺。除此之外,秭归县城镇居民人均可支配收入从 2005 年的 7173 元增加至 2017 年的 25 829 元,年均增长 11.27%;兴山县、巴东县的年均增长率均在 10%以上,说明库首地区城镇发展一路向好,人民生活水平提高,生活质量得到持续改善。

库首地区的农村居民人均可支配收入从 2005 年的 2464 元增加至 12 242 元,年均增长 14.29%,相比库腹地区,其城镇居民人均可支配收入年均增长率更高一些。巴东县是库首地区内部各区县农村居民人均可支配收入年均增长率最高的地区,农村居民人均可支配收入从 2005 年的 1595 元增加至 2017 年的 9476 元,年均增长 16.01%。以往,山大人稀,产业分散,产业发展步伐较为迟缓是巴东县最为显著的特征,但是随着近年来巴东县强基础、促发展,步步为营实施脱贫攻坚战略,因地制宜发展特色农产业(如茶产业),主动顺应经济新常态和"互联网+"发展趋势,加快发展电商产业等为农村经济的发展带来了新动力,为农村居民提供了更好的就业和创业机会,居民人均可支配收入大幅度提高。但值得注意的是,各区县城乡收入都在增加的同时,城乡绝对收入差距也在扩大。库首地区的城乡绝对收入差距由 2005 年的 5097 元增加至 2017 年的 15 665 元,城乡收入比由 2005 年的 3.1:1 缩小至 2017 年的 2.3:1(表 3-32),说明城乡统筹一体化发展水平仍有待加强。

表 3-32 2005~2017 年库首地区城镇居民与农村居民人均可支配收入 (单位:元)

区域		2005 年	2006 年	2007 年	2008 年	2009 年	2010 年	2011 年	2012 年	2013 年	2014 年	2015 年	2016 年	2017 年
库首	城镇	7 561	7 975	8 963	10 086	10 983	12 142	13 967	15 877	17 719	21 348	23 387	25 547	27 907
	农村	2 464	2 711	3 115	3 576	3 967	4 550	5 376	6 147	6 952	9 406	10 340	11 242	12 242

续表

区域		2005 年	2006 年	2007 年	2008 年	2009 年	2010 年	2011 年	2012 年	2013 年	2014 年	2015 年	2016 年	2017 年
巴东县	城镇	7 360	7 442	8 208	9 196	9 977	10 850	12 696	14 458	15 962	19 123	21 058	23 219	25 496
	农村	1 595	1 813	2 102	2 519	2 790	3 244	3 915	4 552	5 193	7 140	7 893	8 628	9 476
兴山县	城镇	7 475	7 861	8 695	9 859	10 748	11 904	13 657	15 180	16 986	20 552	22 478	24 486	26 691
	农村	2 560	2 760	3 069	3 483	3 851	4 275	5 016	5 623	6 271	8 757	9 610	10 365	11 269
秭归县	城镇	7 173	7 785	8 683	9 679	10 515	11 489	12 757	14 518	16 306	19 937	21 810	23 725	25 829
	农村	1 999	2 199	2 507	2 874	3 177	3 497	4 056	4 698	5 331	7 336	8 062	8 825	9 675
夷陵区	城镇	8 236	8 813	10 264	11 611	12 691	14 325	16 756	19 353	21 621	25 778	28 202	30 757	33 613
	农村	3 703	4 072	4 780	5 426	6 048	7 185	8 515	9 713	11 011	14 389	15 793	17 149	18 549

资料来源：《宜昌统计年鉴》（2006～2018 年）、《恩施州统计年鉴》（2006～2018 年），经整理

库腹地区的城镇居民人均可支配收入从 2005 年的 7838 元增加至 2017 年的 29 285 元，年均增长 11.61%，与库首增长幅度基本保持一致。库腹地区内部各区县城镇居民人均可支配收入年均增长率排名由高到低为奉节县、万州区、忠县、石柱县、开州区、武隆区、涪陵区、巫溪县、巫山县、云阳县、丰都县。其中奉节县城镇居民人均可支配收入从 2005 年的 5564 元增加至 2017 年的 25 832 元，年均增长 13.65%，是库腹地区 11 个区县中增长幅度最高的地区，这和奉节县近年来大力发展文化旅游、商贸物流、文化创意、农产品加工"四大城市产业"的导向密切相关。发展城市产业为地区创造了更多就业岗位，提供了良好的创业机遇，同时对各产业的辐射带动作用也逐渐加强，城镇居民自然而然受益于其中，收入增加、生活水平上升。除此之外万州区城镇居民人均可支配收入从 2005 年的 8540 元增加至 2017 年的 33 967 元，年均增长 12.19%；忠县城镇居民人均可支配收入从 2005 年的 8216 元增加至 2017 年的 32 107 元，年均增长 12.03%；石柱县、开州区、武隆区、涪陵区、巫溪县、巫山县、云阳县、丰都县等年均增长率都在 10%水平之上。

库腹地区的农村居民人均可支配收入从 2005 年的 2351 元增加至 2017 年的 11 503 元，年均增长 14.15%。库腹地区内部各区县农村居民人均可支配收入年均增长率排名由高到低为石柱县（14.58%）、忠县（14.56%）、万州区（14.48%）、开州区（14.31%）、云阳县（14.22%）、丰都县（14.13%）、武隆区（14.12%）、涪陵区（14.05%）、奉节县（14.00%）、巫山县（13.58%）、巫溪县（13.21%）。但随着各区县城乡居民人均可支配收入都在增加，城乡绝对收入差距也在扩大，库腹区域的城乡绝对收入差距由 2005 年的 5487 元增加至 2017 年的 17 782 元，城乡收入比则由 2005 年的 3.3∶1 缩小至 2017 年的 2.5∶1（表 3-33）。库腹地区的城乡收入差距之所以较大，主要还是由于库腹地区为三峡库区腹地，其发展布局遵循"点上开发，面上保护"原则，库腹地区经济增长的资金、人才和技术等

要素主要集中在万州区、涪陵区等点上，而其他区县的发展相对较差，使得库腹地区的内部区域差距和城乡差距较大。今后须进一步落实重庆市城乡综合配套改革试验区的总体方案，统筹城乡基本公共服务，加大对"三农"发展的扶持力度，大幅缩小城乡收入相对差距。

表 3-33　2005～2017 年库腹地区城镇居民与农村居民人均可支配收入　（单位：元）

区域		2005 年	2006 年	2007 年	2008 年	2009 年	2010 年	2011 年	2012 年	2013 年	2014 年	2015 年	2016 年	2017 年
库腹	城镇	7 838	8 586	9 842	10 811	12 748	14 223	16 469	18 819	20 733	22 419	24 538	26 846	29 285
	农村	2 351	2 462	2 995	3 548	3 942	4 694	5 859	6 739	7 640	8 464	9 470	10 468	11 503
万州区	城镇	8 540	9 540	11 176	13 366	14 918	16 633	19 329	21 823	24 224	25 919	28 459	31 248	33 967
	农村	2 582	2 739	3 335	3 998	4 470	5 332	6 591	7 573	8 618	9 562	10 729	11 898	13 088
涪陵区	城镇	9 424	11 902	11 902	13 587	15 109	16 844	19 643	22 491	24 650	26 149	28 450	30 897	33 709
	农村	2 780	2 854	3 499	4 168	4 651	5 549	6 858	7 942	8 998	9 963	11 089	12 253	13 466
丰都县	城镇	8 688	8 931	9 440	10 866	12 073	13 558	15 765	18 132	19 981	21 749	23 902	26 268	28 763
	农村	2 430	2 479	3 028	3 591	3 992	4 766	5 991	6 932	7 861	8 679	9 729	10 770	11 869
武隆区	城镇	8 650	9 630	11 150	8 341	13 927	15 553	18 030	20 614	22 985	24 526	27 003	29 703	32 495
	农村	2 408	2 457	2 935	3 475	3 863	4 604	5 792	6 696	7 633	8 489	9 562	10 643	11 744
忠县	城镇	8 216	8 893	7 977	9 242	13 913	15 496	18 005	20 697	22 912	24 455	26 778	29 295	32 107
	农村	2 602	2 750	3 387	4 057	4 528	5 397	6 767	7 789	8 849	9 803	10 960	12 100	13 298
开州区	城镇	7 354	6 470	9 616	11 229	12 385	13 795	15 911	18 236	20 078	21 903	23 984	26 262	28 547
	农村	2 471	2 607	3 210	3 833	4 275	5 079	6 323	7 273	8 238	9 097	10 170	11 238	12 299
云阳县	城镇	7 501	8 439	9 848	10 173	11 233	12 520	14 458	16 453	17 967	19 737	21 592	23 611	25 760
	农村	2 223	2 337	2 845	3 349	3 700	4 418	5 553	6 392	7 236	8 084	9 054	9 982	10 960
奉节县	城镇	5 564	6 160	8 924	10 191	11 261	12 539	14 460	16 434	18 028	19 792	21 633	23 634	25 832
	农村	2 107	2 232	2 717	3 178	3 499	4 153	5 200	5 967	6 746	7 513	8 385	9 228	10 151
巫山县	城镇	8 015	8 672	9 980	11 164	12 323	13 696	15 770	18 046	19 688	21 351	23 315	25 483	27 751
	农村	2 031	2 145	2 579	2 996	3 307	3 925	4 867	5 549	6 265	6 935	7 733	8 537	9 357
巫溪县	城镇	6 571	7 202	8 216	9 227	10 323	11 478	13 236	15 023	16 375	18 111	19 687	21 380	23 112
	农村	1 928	2 029	2 410	2 803	3 078	3 647	4 526	5 165	5 826	6 392	7 121	7 826	8 546
石柱县	城镇	7 700	8 609	10 028	11 532	12 766	14 336	16 555	19 055	21 170	22 916	25 116	27 527	30 087
	农村	2 296	2 457	3 002	3 579	3 998	4 765	5 981	6 848	7 765	8 586	9 642	10 674	11 752

资料来源：《重庆统计年鉴》（2006～2018 年），经整理

　　库尾地区的城镇居民人均可支配收入平均水平从 2005 年的 10 156 元增加至 2017 年的 35 479 元，年均增长率仍处于较高水平，高达 10.99%。库尾地区内部

各区县之间城镇居民人均可支配收入增速差距不大，其中增速最高的是渝北区，从 2005 年的 10 189 元增加至 2017 年的 36 414 元，年均增长 11.20%。渝北区近年来产业结构不断调整优化，第三产业成为经济增长的重要推动力量，其战略新兴产业，如电子制造业等，发展迅猛，为城镇居民提供了更多优质的就业机会，同时也带动了其他行业的发展，地区经济水平得到稳步提升，使城镇居民人均可支配收入增加。巴南区年均增长率为 11.18%，仅比渝北区低 0.02 个百分点，城镇居民人均可支配收入从 2005 年的 10 054 元增加至 2017 年的 35 864 元。巴南区作为城市发展新区，近些年来迅速集结了如电子、生物等一批战略性新兴产业，产业结构不断优化的同时，经济也逐步迈入高质量发展进程，日渐改善了人们生活水平。江北区、江津区、北碚区、九龙坡区等区县的年均增长率也在 11% 以上水平，表明库尾地区总体经济发展趋势较好，城镇居民生活水平较高。

库尾地区总体的农村居民人均可支配收入增长幅度高于城镇居民人均可支配收入增长幅度，年均增长高达 13.22%，农村居民人均可支配收入从 2005 年的 3578 元增加至 2017 年的 15 881 元。其中，库尾地区内部各区县农村居民人均可支配收入年均增长率排名由高到低为巴南区（14.00%）、北碚区（13.86%）、渝北区（13.86%）、江津区（13.56%）、江北区（13.00%）、九龙坡区（12.92%）、南岸区（12.91%）、长寿区（12.88%）、大渡口区（12.80%）、沙坪坝区（12.69%）。可以看出，就增速而言，各区县的农村居民收入增长均快于城镇居民收入增长，但是城乡居民间的收入差距绝对额仍在不断扩大。以巴南区为例，巴南区农村居民人均可支配收入从 2005 年的 3475 元增加至 2017 年的 16 747 元，增幅接近 4 倍；城镇居民人均可支配收入从 2005 年的 10 054 元增加至 2017 年的 35 864 元，增幅约 3 倍，而城乡居民间的收入差距却从 2005 年的 6579 元增加至 2017 年的 19 117 元，收入差距增长了近 2 倍（表 3-34）。这说明，库尾地区尽管一直是经济建设的重点区域，服务业、旅游业、高新技术产业等在该区域的迅速发展确实带动了该区域居民人均可支配收入的增加，人们生活质量也由此得到大幅度提升，但是城乡发展的不平衡问题仍未得到有效解决，而这也将是今后城乡统筹发展中亟待解决的问题。

表 3-34　2005～2017 年库尾地区城镇居民与农村居民人均可支配收入　（单位：元）

区域		2005年	2006年	2007年	2008年	2009年	2010年	2011年	2012年	2013年	2014年	2015年	2016年	2017年
库尾	城镇	10 156	11 408	13 506	15 207	16 883	18 763	21 592	24 275	26 547	27 832	30 060	32 639	35 479
	农村	3 578	3 841	4 652	5 506	6 101	7 114	8 578	9 750	10 970	12 018	13 278	14 538	15 881
渝中区	城镇	11 240	12 481	14 478	16 518	18 063	20 050	22 146	25 413	27 827	29 253	31 608	34 263	37 175
	农村	—	—	—	—	—	—	—	—	—	—	—	—	—

续表

区域		2005年	2006年	2007年	2008年	2009年	2010年	2011年	2012年	2013年	2014年	2015年	2016年	2017年
大渡口区	城镇	10 180	11 481	13 705	15 700	17 183	19 091	22 146	24 348	26 466	27 434	29 546	32 057	35 038
	农村	4 321	4 790	5 889	6 907	7 612	8 837	10 474	11 804	13 220	14 035	15 439	16 844	18 343
江北区	城镇	10 294	11 632	13 756	15 772	17 263	19 181	22 146	24 847	27 183	28 695	31 014	33 681	36 662
	农村	4 280	4 728	5 693	6 734	7 444	8 687	10 474	11 864	13 335	14 125	15 594	16 989	18 552
沙坪坝区	城镇	10 326	11 685	13 881	15 875	17 361	19 288	22 146	24 958	27 079	28 264	30 384	32 921	35 669
	农村	4 331	4 796	5 693	6 734	7 421	8 638	10 474	11 718	13 135	13 864	15 264	16 653	18 168
九龙坡区	城镇	10 310	11 646	13 750	15 730	17 210	19 115	22 146	24 772	27 125	28 504	30 727	33 431	36 339
	农村	4 283	4 743	5 701	6 727	7 440	8 648	10 474	11 695	13 145	13 984	15 480	16 935	18 408
南岸区	城镇	10 291	11 629	13 750	15 730	17 210	19 115	22 146	24 661	27 053	28 278	30 441	32 983	35 770
	农村	4 523	5 004	6 103	7 197	7 955	9 236	10 474	12 437	14 016	14 831	16 366	17 839	19 427
北碚区	城镇	10 085	11 481	13 700	15 700	17 184	19 092	21 954	24 728	27 003	28 071	30 261	32 758	35 575
	农村	3 670	3 813	4 627	5 530	6 179	7 205	8 826	10 018	11 240	13 169	14 499	15 898	17 417
渝北区	城镇	10 189	11 493	13 708	13 708	17 187	19 093	21 954	24 733	27 157	28 563	30 819	33 546	36 414
	农村	3 479	3 604	4 385	5 217	5 803	6 774	8 319	9 375	10 575	12 458	13 766	15 074	16 513
巴南区	城镇	10 054	11 460	13 690	15 696	17 181	19 090	21 953	24 627	26 942	28 040	30 339	32 978	35 864
	农村	3 475	3 607	4 385	5 208	5 781	6 741	8 250	9 421	10 600	12 548	13 878	15 252	16 747
江津区	城镇	9 439	10 458	12 089	13 428	14 939	16 645	19 330	21 936	24 108	25 667	27 951	30 495	33 331
	农村	3 629	3 691	4 535	5 411	6 041	7 074	8 694	9 946	11 279	12 318	13 722	15 177	16 695
长寿区	城镇	9 308	10 042	12 056	13 415	14 927	16 636	19 447	22 004	24 072	25 388	27 571	29 915	32 428
	农村	3 369	3 480	4 159	4 901	5 437	6 410	7 897	8 971	10 120	10 863	12 047	13 252	14 418

资料来源：《重庆统计年鉴》（2006～2018年），经整理

注：—表示数据缺失

3.3.3 教育发展

本书采用义务教育阶段中小学数量和专任教师数量来反映三峡库区教育发展情况，中小学越普遍、校内专任教师越多，则库区学生受到教师的关注度就越高，学生成长得会更加健康和快速，库区学生的综合素质就愈高，基础教育就愈发达。

1. 中小学数量

由图3-26可以看出，三峡库区中小学数量从2005年的6639所减少至2017年的2392所，年均下降8.16%，其中在2010年减少幅度最大。库首、库腹、库尾地区中小学数量与整体趋势一致，逐步减少，但略有差异，年均减少速度由高到低依次为库腹、库尾、库首。

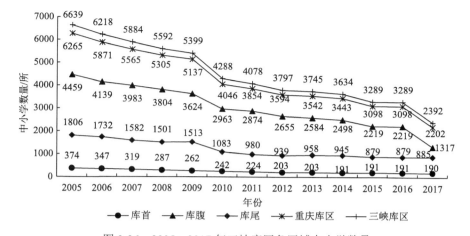

图 3-26　2005～2017 年三峡库区各区域中小学数量

资料来源：《重庆统计年鉴》（2006～2018 年）、《宜昌统计年鉴》（2006～2018 年）、《恩施州统计年鉴》（2006～2018 年），经整理

如表 3-35 所示，库首地区中小学数量从 2005 年的 374 所减少至 2017 年的 190 所，减少数量高达 184 所，年均下降约 5.49%。库首地区四个区县经济发展状况在库区总体中处于中等偏下水平，地理位置也较偏，由于三峡大坝建设，部分学校被迫拆除，导致学校数量基数变小，同时近年来库首地区也处于人口流失阶段，大部分外出务工者更倾向于选择在外地安家生活，致使库首新生人口减少，进一步导致对学校的需求量下降，从而使得学校数目减少。其中兴山县中小学数量减少幅度最大，由 2005 年的 47 所减少至 2017 年的 19 所，减少绝对值为 28 所，年均下降 7.27%，大幅度高于库首平均水平；巴东县、秭归县、夷陵区减小幅度在 5% 水平左右，基本与库首地区平均水平一致。

表 3-35　2005～2017 年库首地区各区县中小学数量及年均增长率

区域	中小学数量/所		年均增长率/%
	2005 年	2017 年	
巴东县	155	76	−5.77
兴山县	47	19	−7.27
秭归县	82	43	−5.24
夷陵区	90	52	−4.47
库首	374	190	−5.49

资料来源：《宜昌统计年鉴》（2006～2018 年）、《恩施州统计年鉴》（2006～2018 年），经整理

如表 3-36 所示，库腹地区中小学数量从 2005 年的 4459 所减少至 2017 年的

1317 所，年均下降 9.66%，是三峡库区中减少幅度最大的地区。其中，开州区中小学数量从 2005 年的 800 所减少至 2017 年的 161 所，年均下降 12.51%，减少数量为 639 所，是库腹地区中减少幅度最大的区县。本书认为，开州区近年来劳动输出严重，越来越多的年轻人选择在外就业，进一步带来的就是人口流失，同时随着经济的发展，生活水平的提高，大量父母选择将子女送到周边教育质量更好的区县求学，部分学校由于规模问题而逐渐合并，导致中小学数量下降。忠县中小学数量减少幅度仅次于开州区，从 2005 年的 549 所减少至 2017 年的 125 所，年均下降 11.60%。奉节县、巫溪县、万州区的年均减少幅度仍处于较高地位，均在 10% 及以上水平。库腹地区中涪陵区减少幅度最小，年均下降 4.46%，但是减少的绝对数量为 107 所，仍然接近 2005 年基数的一半水平。总体来看，库腹地区中小学数量下降趋势明显。

表 3-36　2005～2017 年库腹地区各区县中小学数量及年均增长率

区域	中小学数量/所		年均增长率/%
	2005 年	2017 年	
万州区	521	143	−10.21
涪陵区	254	147	−4.46
丰都县	228	104	−6.33
武隆区	140	68	−5.84
忠县	549	125	−11.60
开州区	800	161	−12.51
云阳县	459	143	−9.26
巫山县	330	110	−8.75
巫溪县	357	97	−10.29
石柱县	295	92	−9.25
奉节县	526	127	−11.17
库腹	4459	1317	−9.66

资料来源：《重庆统计年鉴》（2006～2018 年），经整理

库尾地区中小学数量从 2005 年的 1806 所减少至 2017 年 885 所，年均下降 5.77%，相比库腹地区减少幅度有所缓和，但是减少数量的绝对额高达 921 所，超过减少一半数量。具体来看，江津区是库尾地区中小学数量减少最多的区县，由 2005 年的 526 所减少至 2017 年的 142 所，减少绝对数量 384 所，年均下降 10.34%。重庆市主城区各区县中小学减少幅度不大。其中，渝北区中小学数量由 2005 年的 311 所减少至 2017 年的 118 所，减少绝对值为 193 所，年均下降 7.76%（表 3-37）。本书认为，渝北区中小学数量的减少很大程度上是因为渝北区在不断进行教育资

源的整合，将以前分散的中小学集中合并，扩大了各个学校的基本容量，从而使得中小学数量减少，但对学生的容纳能力增加。

表 3-37 2005～2017 年库尾地区各区县中小学数量及年均增长率

区域	中小学数量/所		年均增长率/%
	2005 年	2017 年	
渝中区	58	43	−2.46
大渡口区	37	30	−1.73
江北区	86	53	−3.95
沙坪坝区	122	94	−2.15
九龙坡区	114	79	−3.01
南岸区	80	67	−1.47
北碚区	127	65	−5.43
渝北区	311	118	−7.76
巴南区	157	100	−3.69
江津区	526	142	−10.34
长寿区	188	94	−5.61
库尾	1806	885	−5.77

资料来源：《重庆统计年鉴》（2006～2018 年），经整理

2. 中小学专任教师数量

由图 3-27、图 3-28 可知，与三峡库区人口增长速度相似，三峡库区中小学专任教师数量以十分平缓的速度增长，由 2005 年的 133 474 人增加到 2017 年的 153 259 人，年均增长 1.16%。另外三峡库区各区域中小学专任教师数量增长速度也是略有差异，仍以库尾地区增速最快，库腹次之，库首为负。

由表 3-38 可以看出，库首地区中小学专任教师数量由 2005 年的 11 577 人下降到 2017 年的 9097 人，年均下降 1.99%。造成库首地区中小学专任教师数量减少的原因可能是区域经济发展的差异。库首地区经济发展水平较为落后，致使部分人口外流，大批优秀教师也随之流失，而且流失的优秀教师往往可以找到更好的工作岗位来实现自己的个人价值，从而不再返回。因此，库首地区教师数量减少。具体来看，巴东县中小学专任教师数量由 2005 年的 3681 人下降至 2017 年的 3074 人，年均下降 1.49%；兴山县中小学专任教师数量由 2005 年的 1211 人下降至 2017 年的 965 人，年均下降 1.87%；秭归县中小学专任教师数量由 2005 年的 2947 人下降至 2017 年的 2041 人，年均下降 3.01%，是库首四个区县中下降幅度

最大的区域；夷陵区中小学专任教师数量由 2005 年的 3738 人下降至 2017 年的 3017 人，年均下降 1.77%。

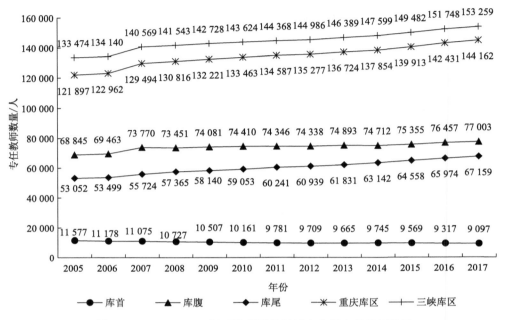

图 3-27　2005～2017 年三峡库区各区域中小学专任教师数量

资料来源：《重庆统计年鉴》（2006～2018 年）、《宜昌统计年鉴》（2006～2018 年）、《恩施州统计年鉴》（2006～2018 年），经整理

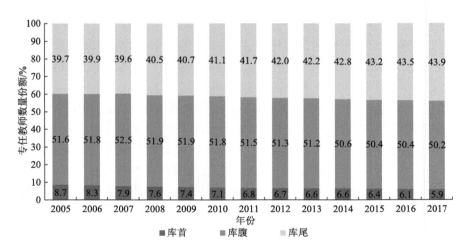

图 3-28　2005～2017 年三峡库区各区域中小学专任教师数量份额

资料来源：《重庆统计年鉴》（2006～2018 年）、《宜昌统计年鉴》（2006～2018 年）、《恩施州统计年鉴》（2006～2018 年），经整理

表 3-38　2005～2017 年库首地区各区县中小学专任教师数量及年均增长率

区域	中小学专任教师数量/人		年均增长率/%
	2005 年	2017 年	
巴东县	3 681	3 074	−1.49
兴山县	1 211	965	−1.87
秭归县	2 947	2 041	−3.01
夷陵区	3 738	3 017	−1.77
库首	11 577	9 097	−1.99

资料来源：《宜昌统计年鉴》（2006～2018 年）、《恩施州统计年鉴》（2006～2018 年），经整理

　　与库首地区相反，库腹地区中小学专任教师数量呈现增长趋势，由 2005 年的 68 845 人增加至 2017 年的 77 003 人，年均增长 0.94%。具体来看，除了万州区和涪陵区，其余区县均保持稳定增长。其中，增长幅度最大的是巫山县，巫山县中小学专任教师数量由 2005 年的 3685 人增加至 2017 年的 4931 人，年均增长 2.46%，这与近年来巫山县大力引进优秀教育人才、扶持基础教育事业密切相关。丰都县、云阳县、巫溪县中小学专任教师年均增长约 1.5%，呈现稳步上升趋势；武隆区、忠县、开州区、石柱县、奉节县等其他区县数量变动不大，基本稳定（表 3-39）。

表 3-39　2005～2017 年库腹地区各区县中小学专任教师数量及年均增长率

区域	中小学专任教师数量/人		年均增长率/%
	2005 年	2017 年	
万州区	10 724	10 706	−0.01
涪陵区	8 492	8 366	−0.12
丰都县	4 919	5 910	1.54
武隆区	3 172	3 217	0.12
忠县	6 110	6 832	0.94
开州区	10 030	11 642	1.25
云阳县	7 336	8 850	1.58
巫山县	3 685	4 931	2.46
巫溪县	3 845	4 577	1.46
石柱县	4 256	4 753	0.92
奉节县	6 276	7 219	1.17
库腹	68 845	77 003	0.94

资料来源：《重庆统计年鉴》（2006～2018 年），经整理

库尾地区中小学专任教师数量也呈现出稳定的增长趋势，从 2005 年的 53 052 人增加至 2017 年的 67 159 人，年均增长 1.98%。具体来看，渝北区增长最为明显，从 2005 年的 6350 人增加至 2017 年的 10 202 人，年均增长率高达 4.03%（表 3-40），这和前面分析的渝北区的地理优势、经济发展趋势，以及未来发展前景等均有关联。渝北区是重庆的政治、文化、经济中心，同时也是基础教育高地，各种教育基础设施完善。一方面，随着渝北区外部经济发展的推动，自身对文化教育的需求也将增加，为了应对增长的需求，需要引进大量高水平人才；另一方面，渝北区自身对外的吸引力也将成为高水平人才来渝北区的重要牵引力。两方面作用导致渝北区中小学专任教师数量增加较多。除此之外，九龙坡区、南岸区、大渡口区等的年均增长率也高达 3% 以上。这和库尾地区自身较高的经济发展水平和完备的教育体系密切相关，从启蒙教育到基础教育，从基础教育到高等教育，中小学专任教师在库尾地区可更好地实现自身的个人价值，吸引了大批优秀的教师集聚到库尾地区。

表 3-40　2005～2017 年库尾地区各区县中小学专任教师数量及年均增长率

区域	中小学专任教师数量/人		年均增长率/%
	2005 年	2017 年	
渝中区	4 485	4 724	0.43
大渡口区	1 614	2 316	3.06
江北区	3 247	4 080	1.92
沙坪坝区	5 203	6 409	1.75
九龙坡区	5 250	8 327	3.92
南岸区	3 301	5 230	3.91
北碚区	4 111	4 694	1.11
渝北区	6 350	10 202	4.03
巴南区	5 235	6 089	1.27
江津区	8 256	9 085	0.80
长寿区	6 000	6 003	0.00
库尾	53 052	67 159	1.98

资料来源：《重庆统计年鉴》（2006～2018 年），经整理

3.3.4　卫生医疗

卫生医疗事业事关民生福祉，人民群众的生命安全必须要放在第一位。尤其是在经济飞速发展的时代，老百姓对健康的要求越来越高，对医疗服务的需求也

越来越大。医疗卫生事业关乎千家万户，是重大的民生问题。由表 3-41 可知，三峡库区卫生医疗机构数在 2005～2017 年增长较为迅猛，由 2005 年的 4644 个增加至 2017 年的 13 415 个，年均增长 9.24%。库区居民医疗设施条件得到显著改善，各区域年均增加幅度从高到低依次为库首、库腹、库尾。具体而言，库首地区卫生医疗机构数由 2005 年的 287 个增加至 2017 年的 1445 个，年均增长 14.42%，是三峡库区中增加幅度最大的区域；库腹地区卫生医疗机构数由 2005 年的 1971 个增加至 2017 年的 6303 个，年均增长 10.17%；库尾地区卫生医疗机构数由 2005 年的 2386 个增加至 2017 年的 5667 个，年均增长 7.47%。

表 3-41　2005～2017 年三峡库区各区域卫生医疗机构数　（单位：个）

年份	库首	库腹	库尾	重庆库区	三峡库区
2005	287	1 971	2 386	4 357	4 644
2006	313	2 117	2 532	4 649	4 962
2007	277	1 934	2 486	4 420	4 697
2008	462	1 928	2 443	4 371	4 833
2009	582	1 976	2 485	4 461	5 043
2010	1 315	2 048	2 895	4 943	6 258
2011	1 267	6 098	4 718	10 816	12 083
2012	1 427	6 063	4 962	11 025	12 452
2013	1 462	6 530	5 108	11 638	13 100
2014	1 426	6 343	5 133	11 476	12 902
2015	1 430	6 421	5 736	12 157	13 587
2016	1 416	6 407	5 825	12 232	13 648
2017	1 445	6 303	5 667	11 970	13 415

资料来源：《重庆统计年鉴》（2006～2018 年）、《宜昌统计年鉴》（2006～2018 年）、《恩施州统计年鉴》（2006～2018 年），经整理

由图 3-29、图 3-30 可知，三峡库区卫生机构床位数在 2005～2017 年增长较为迅猛，床位数由 2005 年的 46 569 张增长至 2017 年的 141 748 张，年均增长 9.72%。库区各区域年均增长幅度由高到低依次为库腹、库尾、库首。同时，三峡库区各区域医疗资源分配不均、过度集中于库尾地区的情况有所缓解，库首地区的卫生机构床位份额保持在 5% 左右，而库腹地区的床位份额则由 2005 年的 31.3% 上升至 2017 年的 37.6%，床位数量年均增长 11.41%；库尾地区的床位份额由 2005 年的 63.1% 下降至 2017 年的 58.5%，床位数量年均下降 9.04%。库区医疗资源向库腹、库尾地区集聚，把医疗卫生服务的重点真正下沉到基层，有利于三峡库区基本公共服务资源的均等化，提升三峡库区整体的医疗卫生服务水平。

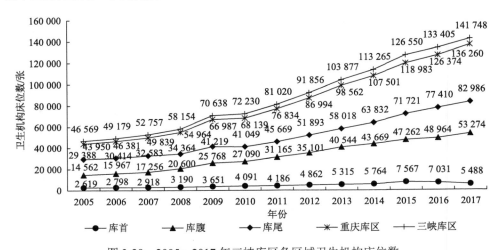

图 3-29　2005～2017 年三峡库区各区域卫生机构床位数

资料来源:《重庆统计年鉴》(2006～2018 年)、《宜昌统计年鉴》(2006～2018 年)、《恩施州统计年鉴》(2006～2018 年)、三峡库区各区县国民经济和社会发展统计公报(2005～2017 年),经整理

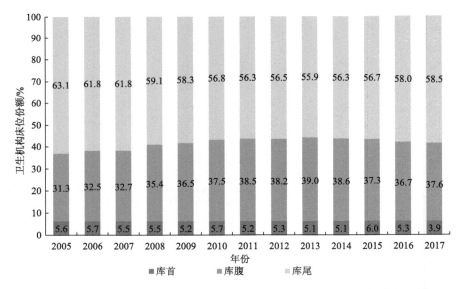

图 3-30　2006～2017 年三峡库区库首、库腹、库尾地区卫生机构床位份额

资料来源:《重庆统计年鉴》(2006～2018 年)、《宜昌统计年鉴》(2006～2018 年)、《恩施州统计年鉴》(2006～2018 年)、三峡库区各区县国民经济和社会发展统计公报(2005～2017 年),经整理

由表 3-42 可知,三峡库区卫生技术人员数保持着较高的增长速度,从 2005 年的 57 842 人增加至 2017 年的 140 591 人,年均增长 7.68%。其中,各区域年均增长幅度从高到低依次为库尾、库腹、库首。具体而言,库首地区卫生技术人员数由 2005 年的 4303 人增加至 2017 年的 8212 人,年均增长 5.53%;库腹地区卫

生技术人员数由 2005 年的 20 107 人增加至 2017 年的 43 919 人,年均增长 6.73%;库尾地区卫生技术人员数由 2005 年的 33 432 人增加至 2017 年的 88 460 人,年均增长 8.45%,不仅高于重庆库区年均增长率,同时也是三峡库区中增加幅度最大的区域。库尾地区属于重庆经济社会发展的重点区域,医疗民生问题是建设的重中之重,且由于库尾地区经济发展水平普遍较高于其他区域,对卫生技术人员的吸纳能力也更强,因此卫生技术人员数增加幅度高于其他区域。

表 3-42 2005～2017 年三峡库区各区域卫生技术人员数 (单位:人)

年份	库首	库腹	库尾	重庆库区	三峡库区
2005	4 303	20 107	33 432	53 539	57 842
2006	4 463	20 481	34 130	54 611	59 074
2007	4 285	21 332	36 441	57 773	62 058
2008	4 398	22 022	39 640	61 662	66 060
2009	4 922	24 896	35 227	60 123	65 045
2010	4 982	26 931	47 980	74 911	79 893
2011	5 334	30 689	52 749	83 438	88 772
2012	5 941	33 495	58 081	91 576	97 517
2013	6 395	36 014	62 906	98 920	105 315
2014	6 438	38 106	69 486	107 592	114 030
2015	7 224	39 680	76 446	116 126	123 350
2016	7 993	41 800	82 489	124 289	132 282
2017	8 212	43 919	88 460	132 379	140 591

资料来源:《重庆统计年鉴》(2006～2018 年)、《宜昌统计年鉴》(2006～2018 年)、《恩施州统计年鉴》(2006～2018 年),经整理

3.3.5 广播电视

广播电视覆盖率一直是衡量民生问题的一个重要指标,做到"广播村村响、电视户户通"是现在民生问题的重点。由表 3-43 可知,三峡库区广播覆盖率一直保持着稳定的增长,从 2005 年的 94.10%增加至 2017 年的 99.14%,年均增长 0.44%。其中,各区域年均增长幅度从高到低依次为库腹、库首、库尾。具体而言,库首地区广播覆盖率由 2005 年的 93.37%增加至 2017 年的 99.90%,年均增长 0.56%;库腹地区广播覆盖率由 2005 年的 89.18%增加至 2017 年的 98.12%,年均增长 0.80%,显著高于重庆库区的平均水平,也是三峡库区中增长幅度最大的区域;库尾地区广播覆盖率由 2005 年的 99.30%增加至 2017 年的 99.87%,年均增长 0.05%。

表 3-43   2005～2017 年三峡库区各区域广播覆盖率   （%）

年份	库首	库腹	库尾	重庆库区	三峡库区
2005	93.37	89.18	99.30	94.24	94.10
2006	93.88	89.40	99.35	94.37	94.29
2007	94.33	89.60	99.35	94.48	94.45
2008	94.59	90.15	99.36	94.76	94.73
2009	95.97	90.23	99.37	94.80	94.98
2010	97.98	94.67	99.80	97.24	97.35
2011	98.07	96.00	99.82	97.91	97.94
2012	99.00	96.49	99.83	98.16	98.29
2013	99.10	96.68	99.83	98.25	98.38
2014	99.35	96.92	99.83	98.38	98.53
2015	99.48	97.29	99.86	98.58	98.72
2016	99.63	97.90	99.86	98.88	99.00
2017	99.90	98.12	99.87	99.00	99.14

资料来源：《重庆统计年鉴》（2006～2018 年）、《宜昌统计年鉴》（2006～2018 年）、《恩施州统计年鉴》（2006～2018 年），经整理

　　电视覆盖率也呈现出缓慢且稳定的增长趋势。三峡库区电视覆盖率从 2005 年的 96.64%增加至 2017 年的 99.31%，年均增长约 0.23%。其中，各区域年均增长幅度从高到低依次为库首、库腹、库尾。具体而言，库首地区电视覆盖率由 2005 年的 95.37%增加至 2017 年的 99.97%，年均增长 0.39%，显著高于重庆库区的平均水平，也是三峡库区中增长幅度最大的区域；库腹地区电视覆盖率由 2005 年的 94.50%增加至 2017 年的 98.46%，年均增长 0.34%，也高于库区平均水平；库尾地区电视覆盖率由 2005 年的 99.26%增加至 2017 年的 99.93%，年均增长 0.06%。库尾地区之所以增加浮动不大是因为库尾地区多数区县处于经济发展较好的区域，早在 2005 年之前电视覆盖率就已处于较高水平，因此近年来波动不大（表 3-44）。

表 3-44   2005～2017 年三峡库区各区域电视覆盖率   （%）

年份	库首	库腹	库尾	重庆库区	三峡库区
2005	95.37	94.50	99.26	96.88	96.64
2006	95.40	94.67	99.08	96.87	96.65
2007	95.88	94.63	99.08	96.86	96.71
2008	96.01	95.21	99.10	97.16	96.98
2009	96.59	95.29	99.11	97.20	97.10
2010	97.71	96.85	99.56	98.21	98.13

续表

年份	库首	库腹	库尾	重庆库区	三峡库区
2011	97.86	97.78	99.85	98.82	98.67
2012	98.60	98.24	99.87	99.05	98.98
2013	99.06	98.38	99.88	99.13	99.12
2014	99.14	98.45	99.88	99.17	99.16
2015	99.28	98.53	99.91	99.22	99.23
2016	99.65	98.42	99.92	99.17	99.24
2017	99.97	98.46	99.93	99.19	99.31

资料来源：《重庆统计年鉴》（2006～2018 年）、《宜昌统计年鉴》（2006～2018 年）、《恩施州统计年鉴》（2006～2018 年），经整理

3.4 本 章 小 结

本章从农业环境、工业环境、大气环境、生活环境、土壤类型、地表覆盖 6 个维度对三峡库区环境子系统的发展现状进行了概括分析，发现虽然库首地区废物排放总量最少、库腹地区较多、库尾地区最多，但是就相对量而言，库首、库腹地区相对较多，初步判识库首、库腹地区环境质量可能并没有库尾地区良好；从经济总量、产业结构、城镇化率、金融发展、公共财政预算收入和公共财政预算支出 6 个维度对三峡库区经济子系统的发展现状进行了概括分析，发现库尾地区在经济系统各个方面，不论在绝对总量和相对比率都处于支配地位，初步判识库尾地区的经济系统最为发达、库腹地区次之、库首地区最弱；从人口变动、居民人均可支配收入、教育发展、卫生医疗、广播电视 5 个维度对三峡库区社会子系统的发展现状进行了概括分析，发现同经济子系统类似，库尾地区社会子系统最为发达，人口快速集聚，城乡居民人均可支配收入较高，教育资源集中，卫生医疗服务较完善，而库腹地区相对较弱，库首地区最弱，库首地区社会子系统各方面表现最差。

4 三峡库区复合生态系统耦合协调发展评价方法

从本章起，将正式进入对三峡库区环境-经济-社会复合生态系统耦合协调发展的实证研究，为此，首先需要构建一套较为完备的三峡库区环境-经济-社会复合生态系统评价指标体系，并选用适当的模型对三峡库区环境-经济-社会复合生态系统耦合协调发展情况进行测度分析。本章致力于解决对复合生态系统耦合协调评价分析的工具问题，首先，建立复合生态系统的评价指标体系，其次，介绍效益指数函数、容量耦合度模型、综合效益指数和耦合协调度模型等耦合协调发展测度的具体工具。对三峡库区环境-经济-社会复合生态系统的耦合协调测度分析将在第 5 章、第 6 章中展开。

4.1 耦合协调发展的内生机制

复合生态系统是由环境子系统、经济子系统和社会子系统耦合而成的大型综合系统，子系统内部及各子系统之间通过物质传输、能量流动和信息传递等方式相互联系并相互影响，在时间、空间、数量、结构、序理上形成了较为复杂的系统耦合关系。各子系统于反馈机制中产生目标追求及系统行为的振荡，从而共同维持和决定着整个系统的运行与发展，任何一个系统出现问题都会产生连锁反应，影响其他系统的正常运行（文传浩和许芯萍，2018）。

环境子系统是复合生态系统的主体和基础，为经济子系统和社会子系统的正常运行提供多种可用资源要素，维系着整个复合生态系统的稳定和安全。但环境子系统本身极其脆弱，易受到经济子系统及社会子系统的影响。当经济开发强度及社会活动范围超过生态环境承载力时，复合生态系统的平衡机制将被打破，造成系统的无序发展。只有在考虑生态环境容量的基础上对自然资源合理开发，才能促使复合生态系统趋于良性循环的方向来合理发展（黄磊等，2017）。

经济子系统是复合生态系统的命脉，对复合系统的发展走向起主导作用。一方面，经济子系统的有序发展为社会子系统发展提供必要的物质基础；另一方面，经济子系统的发展对生态环境子系统提出了强烈的资源需求，人类在获取资源的过程中将对生态环境产生重大影响。在人类活动过程中，生态环境系统被迫重塑，当施加于生态环境系统的外在压力超出其自我调控能力时，胁迫作用产生，可持续发展也将面临严重挑战（贺嘉等，2019）。

社会子系统的可持续发展则是复合生态系统协调发展的重要目标与归宿。社会子系统与经济子系统、生态环境子系统的关系可理解为如下三点：其一，可持续发展成果社会共享是复合生态系统协调发展的首要宗旨；其二，社会子系统的进步为经济子系统的发展提供人力资源服务；其三，社会子系统的完善为生态环境子系统的修复提供技术支撑与保障。

4.2　评价指标体系建立

本书的研究对象是三峡库区环境-经济-社会复合生态系统。对一个有机的复合生态系统的耦合协调发展情况进行评价，必然需要建构一套较为完备的评价指标体系，因为任何单一的指标都无法对一个多元的复合系统进行全面而准确地描述。当然这套评价指标体系的构建也必须遵循一定的原则，在充分借鉴前人研究的有益成果基础之上，结合三峡库区独特地理单元的特殊性而得。指标体系构建的科学性、合理性和有效性决定着对三峡库区环境-经济-社会复合生态系统评价的准确性，也决定着对复合生态系统耦合协调发展状况评价的准确性，以及对复合生态系统耦合协调发展情况预测的可靠性与对策建议的实用性。

4.2.1　指标体系构建原则

（1）全局性和综合性原则。三峡库区环境-经济-社会复合生态系统内含环境子系统、经济子系统和社会子系统，故而指标体系必须要能够综合反映出三大子系统的特征，不能局限于某一子系统而忽视另一子系统，对复合生态系统各个关键方面都需要予以反映。全局性和综合性是复合生态耦合协调评价指标体系构建的基本要求，合乎全局性和综合性原则的指标体系才能称得上是一个复合生态系统评价指标体系。

（2）主导性原则。三峡库区环境-经济-社会复合生态系统耦合协调评价指标体系在满足全面性原则下，要能把握住各子系统的关键性主导因素，注意将能反映子系统主导性方向的指标纳入评价指标体系，使得指标的选取在保障全面性的前提下尽可能地简洁精准。

（3）科学性原则。三峡库区环境-经济-社会复合生态系统耦合协调发展评价指标体系的构建必须是基于一定的科学原理，符合相关生态理论、经济原理和社会原理，可科学地反映出库区环境子系统、经济子系统和社会子系统信息，有利于三峡库区环境-经济-社会复合生态系统协调发展。

（4）特殊性原则。三峡库区作为一个独特的地理单元，是一个集大库区、大城市、大农村和大山区于一体的特殊综合体，因而其环境-经济-社会复合生态系统评价指标体系除符合一般的科学性和综合性原则外，还必须体现库区复合生态系统的独特性，尤其是库区脆弱的环境系统的独特性。

（5）可操作性原则。由于三峡库区跨越重庆、湖北两个省级行政单位，且要求数据精确到区县层面，故而复合生态系统评价指标体系构建的一个重要原则就是可操作性，即选取的指标数据是可以搜集得到的，否则指标体系就是再科学、合理、全面，也是华而不实而无法实际操作。可操作性是一个约束性原则，保障后续对三峡库区环境-经济-社会复合生态系统耦合协调的实证分析可以进行下去。

（6）战略性原则。三峡库区环境-经济-社会复合生态系统评价指标体系须具有战略性，可反映当前和未来库区各系统的若干重要导向，为库区的当前和今后一个时期复合生态系统的全面协调发展提供一个方向性导向。

4.2.2 系统指标选取

（1）环境子系统指标选取。关于环境子系统的评价指标体系，已有学者进行了较为广泛而系统的研究，如马丽等（2012）从环境污染和环境治理 2 个维度选取了 6 个指标对中国的环境系统进行了综合评价；刘艳军等（2013）则增加 1 个环境支撑维度，从资源环境支撑、资源环境压力和资源环境抗压 3 个维度选取了 14 个指标，对中国资源环境系统进行了综合评价；王少剑等（2015）则从生态要素条件、生态压力条件和生态响应条件 3 个维度选取了 13 个指标对京津冀地区的生态环境系统进行了综合评价。本书考虑到三峡库区的特殊性，由于三峡库区归根到底仍旧是一个库区，故而水环境是整个三峡库区环境系统的核心。水环境良好则说明库区环境系统健康。所以依据指标体系构建的主导性、科学性、特殊性原则，本书主要从三峡库区农业环境、工业环境和生活环境出发，重点考察三峡库区水环境系统发展情况，最终选用化肥施用强度、农药使用强度、人均工业废水排放量、人均工业化学需氧量、人均工业氨氮排放量、城镇人均生活污水、城镇人均生活污水化学需氧量、城镇人均生活污水氨氮排放量等 8 个指标来评价三峡库区环境子系统。

（2）经济子系统指标选取。对经济子系统的评价，学者们更是进行了大量的有益探索，从不同维度对区域经济系统评判。例如，生延超和钟志平（2009）从资金效应、基础效应、形象效益和收入状况等 4 个维度选取了 14 个指标对湖南省区域经济发展进行了评价，侯增周（2011）则直接选用人均 GDP、第三产业比重、城镇与农村居民收入和高新技术产业产值份额等 5 个指标评价了山东省东营市经济发展状况，盖美等（2013b）从经济增长基础和经济增长潜力 2 个维度选取了 7 个指标对辽宁省经济发展系统进行了评价，周彬等（2015）则从旅游经济规模、旅游接待能力和旅游经济潜力等 3 个维度选取了 12 个指标对舟山群岛旅游经济系统进行了评价，吴连霞等（2016）从经济总量、经济水平、工业经济、农村经济和国内外贸易 5 个维度选取了 20 个指标对江苏省经济系统进行了评价。本书依据全局性和综合性、主导性、科学性和可操作性等指标体系构建原则，参考相关学者所构建的经济系统评价指标体系，结合三峡库区经济发展的实际情况，最终确定从经济规模、经济结构、经济保障与经济效益 4 个维度选取人均 GDP，人均工业增加值，人均服务业增加值，第二、第三产业比重，城镇化水平，人均公共预算收入，人均公共预算支出，人均城乡居民储蓄，人均固定资产投资，人均社会消费品零售额等 10 个指标对三峡库区经济子系统进行综合评价。

（3）社会子系统指标选取。学者们往往倾向于从社会事业方向构建社会系统的评价指标体系，其宗旨仍是实现人的全面发展。例如，党晶晶等（2013）从人口情况、就业结构、区域发展、人民生活 4 个维度选取了 10 个指标对陕西省志丹县社会系统发展状况进行了评价，王爱辉（2014）则从生活水平、社会进步和设施水平 3 个维度选取了 10 个指标对天山北坡城市群社会系统进行了综合评价，王琦和汤放华（2015）从人口概况、生活水平和公共服务等 3 个维度选取了 8 个指标对洞庭湖区的社会系统进行了综合评价。本书在充分借鉴学者们构建社会系统评价体系的有益经验的基础上，同时考虑库区的特殊性，重点考察库区的生活水平和基本公共服务水平，最终从生活水平、教育水平、医疗水平和广电水平 4 个维度选取城镇居民人均可支配收入、农村居民人均可支配收入、小学生校比、中学生校比、小学生师比、中学生师比、每万人拥有卫生机构数、每万人拥有卫生技术人员数、每万人拥有卫生机构床位数、广播覆盖率、电视覆盖率等 11 个指标对三峡库区社会子系统进行综合评价（表 4-1）。

表 4-1 三峡库区环境–经济–社会复合生态系统耦合协调发展评价指标体系

目标层	系统层	准则层	指标层	单位	性质
环境–经济–社会复合生态系统	环境子系统	农业环境（X1）	化肥施用强度（A11）	kg/hm^2	−
			农药使用强度（A12）	kg/hm^2	−
		工业环境（X2）	人均工业废水排放量（A21）	t	−
			人均工业化学需氧量（A22）	kg	−
			人均工业氨氮排放量（A23）	kg	−
		生活环境（X3）	城镇人均生活污水（A31）	t	−
			城镇人均生活污水化学需氧量（A32）	kg	−
			城镇人均生活污水氨氮排放量（A33）	kg	−
	经济子系统	经济规模（B1）	人均GDP（B11）	元	+
			人均工业增加值（B12）	元	+
			人均服务业增加值（B13）	元	+
		经济结构（B2）	第二、第三产业比重（B21）	%	+
			城镇化水平（B22）	%	+
		经济保障（B3）	人均公共预算收入（B31）	元	+
			人均公共预算支出（B32）	元	+
			人均城乡居民储蓄（B33）	元	+
		经济效益（B4）	人均固定资产投资（B41）	元	+
			人均社会消费品零售额（B42）	元	+
	社会子系统	生活水平（C1）	城镇居民人均可支配收入（C11）	元	+
			农村居民人均可支配收入（C12）	元	+
		教育水平（C2）	小学生校比（C21）	——	+
			中学生校比（C22）	——	+
			小学生师比（C23）	——	−
			中学生师比（C24）	——	−
		医疗水平（C3）	每万人拥有卫生机构数（C31）	个	+
			每万人拥有卫生技术人员数（C32）	人	+
			每万人拥有卫生机构床位数（C33）	张	+
		广电水平（C4）	广播覆盖率（C41）	%	+
			电视覆盖率（C42）	%	+

注：—表示对应指标没有度量单位，仅仅为比重，+表示对应指标为正向指标，指标数值越大越好，−表示对应指标为负向指标，指标数值越小越好。课题组认为，三峡库区的生校比为正向指标，认为库区学校的学生越多，对应的教学资源也会越多，教育质量会越高；生师比则为负向指标，越大则表明学生受到的关注度越小，学生的人力资本潜能开发得越少，不利于教育质量的提升

4.2.3 资料来源

本章的所有数据资料均来自《重庆统计年鉴》（2006～2018 年）、《宜昌统计年鉴》（2006～2018 年）、《恩施州统计年鉴》（2006～2018 年）、三峡库区各区县国民经济和社会发展统计公报（2005～2017 年）和《长江三峡工程生态与环境监测公报》（2005～2017 年）。凡是涉及市场价值的相关指标，其指标数值均为消除物价变动的实际值，均采用以 2005 年基期的重庆市定基消费者物价指数、宜昌市定基消费者物价指数和恩施州定基消费者物价指数对原始数据进行物价平减。由于库首、库腹、库尾地区在人口、耕地面积上的巨大差异，以总量水平来衡量各区域环境、经济、社会子系统发展状况无疑会夸大区域间的发展差距，故而所有指标均选用相对指标，将环境、经济、社会子系统发展变化分配到区域内的每一个个体和每一寸土地，力求尽量准确反映三峡库区环境-经济-社会复合生态系统耦合协调发展情况。

4.3 环境-经济-社会复合生态系统综合 发展水平的评价方法

在 4.2 节中，虽然构建了评价三峡库区环境-经济-社会复合生态系统耦合协调发展状况的指标体系，但是并未给出具体的评价方法，依然无法对复合生态系统的耦合协调度进行衡量。本节将采用适当的方法来确定指标体系的每个指标的权重，并给出各子系统综合发展水平的评价方法，即效益指数函数。

4.3.1 指标权重确定

建构三峡库区环境-经济-社会复合生态系统评价指标体系后，首先需要解决的问题就是确定各指标权重，否则对系统的评价将无法进行。指标权重体现了各指标在评价体系中的相对重要性，是反映指标真实价值、确保评价结果符合实际的重要因素。权重确定的方法主要分为两大类，一类是主观赋权法，主要包括层次分析法和德尔菲法；一类是客观赋权法，主要包括熵值法和主成分分析法。主观赋权法主要是决策者根据其对指标价值的经验判断主观地对指标赋予一定的权重，使得最终的评价结果可能更加符合决策者的预期和实际情况。客观赋权法则是依据指标的原始数据，通过分析各个指标间数据的关联度及各指标自身的变化特征来确定指标权重，赋权过程不受决策者主观价值判断的影响。两种赋权方法各有优缺点，主观赋权法考虑了指标的现实意义，根据指标的实际价值赋予相应权重，评价结果可能更切合实际，但是决策过程过于主观，指标权重的确定因人而异，使得评价结果又同时缺乏可信度；客观赋权法则仅仅根据的是指标数据间的关联度和自身变化情况，只从数据本身出发，虽然决策过程不涉及决策者的主观价值判断，但是这也使得评价结果可能脱离实际，与实际偏差较大，依然存在评价结果不可信的风险。由于课题组对库区的环境-经济-社会复合生态系统并非有十分全面而清晰的把握和认知，担心因课题组的不成熟的价值判断使得最终的评价结果失真，课题组再三考虑，最后选用客观赋权法，以期尽量客观而准确地确定指标权重，确保评价结果的真实性。

本书选用客观赋权法——熵值法确定各子系统指标权重。在信息论中，熵是对系统不确定性的一种度量。信息量的大小影响确定性的大小，进而对熵值的大小产生影响。信息量越大，则不确定性越小，熵值越小；信息量越小，则不确定性越大，熵值越大。根据熵的特性，可以通过计算熵值来判断某一事件的随机性及无序程度，也可以用熵值判断某一指标的离散程度。指标的离散程度越大，则对应熵值越小。该指标蕴含的信息量越大，对综合评价的影响也就越大，指标权重相应越大（胡春雷和肖玲，2004）。熵值法确定权重主要有以下五大步骤。

（1）数据无量纲正向化处理。

在 4.2 节中可以看到，指标体系中的各指标单位差异甚大，无统一量纲，无法对各指标数据直接利用，为消除指标的度量单位差异，须对数据进行无量纲化的标准化处理，采用标准化的数据进行计算。同时，由于各指标的性质不同，不能直接进行计算，须将所有指标作正向化处理，使得最终标准化指标数据值大小与指标状态呈正向关系。指标值越大，则状态越优。具体过程如下：

$$
\left.
\begin{aligned}
\text{正向指标} \quad & P'_{ij} = \frac{P_{ij} - \min\{P_j\}}{\max\{P_j\} - \min\{P_j\}} \\
& P'^{+}_{ij} = P'_{ij} + 0.001 \\
\text{负向指标} \quad & P'_{ij} = \frac{\max\{P_j\} - P_{ij}}{\max\{P_j\} - \min\{P_j\}} \\
& P'^{+}_{ij} = P'_{ij} + 0.001
\end{aligned}
\right\} \quad (4\text{-}1)
$$

（2）计算第 i 个评价单元第 j 项指标值的比重：

$$Q_{ij}=\frac{P'^{+}_{ij}}{\sum_{i=1}^{m}P'^{+}_{ij}}\tag{4-2}$$

（3）计算第 j 项指标的信息熵：

$$e_j=-k\sum_{i=1}^{m}(Q_{ij}\times\ln Q_{ij})\tag{4-3}$$

（4）计算信息熵的冗余度：

$$d_j=1-e_j\tag{4-4}$$

（5）计算第 j 项指标权重：

$$W_j=\frac{d_j}{\sum_{i=1}^{n}d_j}\tag{4-5}$$

式中，P_{ij} 表示第 i 个评价单元第 j 项指标值，$\max\{P_j\}$、$\min\{P_j\}$ 分别表示所有评价单元第 j 向指标的最大值和最小值，$k=1/\ln m$，m 为评价单元个数，n 为指标个数。特别注意的是，本书的熵值法是经过修正的熵值法，因为熵值法需要对数据做对数化处理，而如果对原始指标数据做简单的无量纲正向化处理，正向指标最小值和负向指标最大值均会转为 0 值，而 0 值是无法做对数化处理的，所以课题组力求尽量保留原始数据信息，将所有无量纲正向化处理后的数据整体向上平移 0.001 个单位，以尽可能多的保留有效数据数目和原始数据特征。

4.3.2 效益指数函数

效益指数函数即是用来表征（或评价）在研究时段内三峡库区环境、经济、社会子系统发展的效益。令

$$\left.\begin{array}{l}f(x)=\sum_{i=1}^{8}a_i x_i\\g(y)=\sum_{j=1}^{10}b_j y_j\\h(z)=\sum_{k=1}^{11}c_k z_k\end{array}\right\}\tag{4-6}$$

式中，$f(x)$、$g(y)$ 和 $h(z)$ 分别为环境子系统效益指数、经济子系统效益指数和社会子系统效益指数，其中 x_i 为第 i 个环境子系统效益评价指标（$i=1,2,3,\cdots,8$）；y_j 为第 j 个经济子系统效益评价指标（$j=1,2,3,\cdots,10$）；z_k 为第 k 个社会子系统效益评价指标（$k=1,2,3,\cdots,11$）。a_i 为第 i 个环境子系统效益评价指标权重；b_j 为第 j 个经济子系统效益评价指标权重；c_k 为第 k 个社会子系统效益评价指标权重。

4.4 环境-经济-社会复合生态系统耦合协调发展的评价方法

本书在第2章篇首就对耦合和耦合协调的相关概念进行了界定，即耦合是指两个或两个以上的系统或运动形式通过各种相互作用而彼此影响的现象，耦合协调是指两个或两个以上的系统或运动形式在相互耦合的基础上，系统间或系统内部要素间的一种良性相互关联和良性循环态势，是系统间或系统内部要素间良性循环、和谐一致、配合得当的关系。然而当时并未给出具体的耦合度和耦合协调度的测度方法，接下来本书将对耦合度和耦合协调度模型一一介绍。

4.4.1 环境-经济-社会复合生态系统耦合度模型

借用物理学中的容量耦合概念和容量耦合系数模型，推广得到多个系统（或要素）的相互作用耦合度模型（廖重斌，1999）：

$$C = \left\{ \frac{U_1 \times U_2 \times \cdots \times U_n}{\prod (U_i + U_j)} \right\}^{1/n} \tag{4-7}$$

式中，C 为耦合度，U 为各子系统的综合效益指数函数（即 4.3 节中的效益指数函数），复合生态系统耦合度大小由各子系统功效 U 值大小决定。本书的复合生态系统由环境、经济、社会三大子系统构成，首先研究环境-经济系统、环境-社会系统、经济-社会系统的二维耦合，此时 n 取 2；随后研究环境-经济-社会复合生态系统耦合，此时 n 取 3。由于 U 值在 0 到 1，故而耦合度 C 值也介于 0 到 1。当 $C=0$ 时，耦合度极低，系统之间或系统内部要素间处于无关状态，系统向无序发展；当 $0<C<0.29$ 时，环境、经济、社会子系统间处于低水平耦合阶段；当 $0.29 \leqslant$

$C<0.49$ 时，环境、经济、社会子系统间处于拮抗阶段；当 $0.49\leqslant C<0.79$ 时，环境、经济、社会子系统间进入磨合阶段；当 $0.79\leqslant C<1$ 时，环境、经济、社会子系统间进入高水平耦合阶段；当 $C=1$ 时，环境、经济、社会子系统间进入耦合度极高阶段，系统实现有序发展（表 4-2）。当然，由于区域复合生态系统运行的复杂性，受政策、技术、人才、资金多重因素影响，环境-经济-社会复合生态系统的耦合度可能不是严格按照上述几个阶段顺序演变的，有可能出现倒退或是跳跃前进的现象。

表 4-2　三峡库区环境-经济-社会复合生态系统耦合度类型划分

耦合区间	耦合类型	系统特点
$C=0$	耦合度极低	系统向无序发展
$0<C<0.29$	低水平耦合阶段	生态环境破坏较小，可以承载经济社会发展
$0.29\leqslant C<0.49$	拮抗阶段	生态环境逐渐被破坏，承载力变小
$0.49\leqslant C<0.79$	磨合阶段	经济社会发展，修复生态环境，进入良性耦合阶段
$0.79\leqslant C<1$	高水平耦合阶段	系统趋向有序发展
$C=1$	耦合度极高	系统实现有序发展

4.4.2　环境-经济-社会复合生态系统综合效益指数模型

综合效益指数即是用来评价三峡库区环境-经济-社会复合生态系统发展程度的模型，令

$$T = \alpha f(x) + \beta g(y) + \gamma h(z) \tag{4-8}$$

式中，T 为综合评价指数，α、β、γ 分别为环境、经济、社会子系统的待定权重。当研究环境-经济系统耦合时，取 $\alpha = \beta = 0.5$，$\gamma = 0$；当研究环境-社会系统耦合时，取 $\alpha = \gamma = 0.5$，$\beta = 0$；当研究经济-社会系统耦合时，取 $\beta = \gamma = 0.5$，$\alpha = 0$；当研究环境-经济-社会复合生态系统耦合时，情况略有不同。环境子系统是三峡库区环境-经济-社会复合生态系统中最基本的子系统。自十八大正式确立生态文明建设以来，环境子系统的重要性愈发凸显。没有一个健康而美好的生态环境系统，经济子系统的发达和社会子系统的完备是没有任何意义的。2016 年初，习近平视察重庆时就强调："当前和今后相当长一个时期，要把修复长江生态环境摆在压倒性位置，共抓大保护，不搞大开发。要把实施重大生态修复工程作为推动长江经济带发展项目的优先选项。" [①]对长江经济带如此，对三峡库区而言更需

① 习近平：要把修复长江生态环境摆在压倒性位置. https://www.chinanews.com/gn/2016/01-07/7706502.shtml [2016-01-07].

如此,环境子系统是三峡库区复合生态系统的核心,环境子系统的发展是三峡库区环境-经济-社会复合生态系统协调发展的关键环节和薄弱环节,需要予以重点关注。经济子系统是复合生态系统协调发展的物质保障,社会子系统则是复合生态系统协调发展的最终目的。故将 α、β、γ 分别拟定为 0.4、0.3、0.3。

4.4.3 环境-经济-社会复合生态系统耦合协调度模型

耦合度只能说明环境、经济、社会子系统间相互影响及作用的大小,而不能反映协调发展水平的高低。有可能子系统间尽管处于高度耦合状态,但实际上子系统仍处于初级发展阶段,是一种低水平的高度耦合,子系统间的此种高耦合度并非代表三峡库区环境-经济-社会复合生态系统的协调发展(杨世琦等,2005)。为此需要引入耦合协调度模型,以更准确地表征三峡库区环境、经济、社会子系统间良性循环、和谐一致、配合得当的协调发展关系(叶民强和张世英,2001)。令

$$D=\sqrt{C \times T} \tag{4-9}$$

式中,D 为复合生态系统的耦合协调度,代表三峡库区环境、经济、社会子系统间的协调发展程度;C 为耦合度;T 为综合效益指数。显然由 C 和 T 值大小即知,D 值也是介于 0 到 1。根据耦合协调度大小将三峡库区环境-经济-社会复合生态系统耦合协调发展状况分为三大类、十大亚类,具体如表 4-3 所示。

表 4-3 三峡库区环境-经济-社会复合生态系统耦合协调度类型划分

类型	失调衰退区间 (0≤D<0.4)				过渡调和区间 (0.4≤D<0.6)		协调发展区间 (0.6≤D≤1)			
	极度失调衰退	严重失调衰退	中度失调衰退	轻度失调衰退	濒临失调衰退	勉强协调	初级协调	中级协调	良好协调	优质协调
区间	0~0.1	0.1~0.2	0.2~0.3	0.3~0.4	0.4~0.5	0.5~0.6	0.6~0.7	0.7~0.8	0.8~0.9	0.9~1

注:上述区间从左至右除最后一个区间外均为左闭右开区间,最右边区间为左右全闭区间

4.5 本 章 小 结

本章主要为了解决对三峡库区环境-经济-社会复合生态系统耦合协调发展研究的工具选取问题。首先,介绍了复合生态系统耦合协调发展的内生机制;其次,

根据全局性和综合性、主导性、科学性、特殊性、可操作性、战略性等原则，结合已有研究成果，构建了一套评价三峡库区环境-经济-社会复合生态系统耦合协调发展的指标体系，使得对三峡库区复合生态系统的评价有了一个基本的依据，有章可循；介绍了确定指标体系各指标权重的客观赋权法，即改进后的熵值法；介绍了效益指数函数、环境-经济-社会系统耦合度模型、综合效益指数模型和耦合协调度模型等直接测度三峡库区环境-经济-社会复合生态系统耦合协调性的工具方法，基本完成了对库区环境-经济-社会复合生态系统耦合协调性测度的工具介绍。

5 三峡库区复合生态系统耦合协调发展评价

本章将利用上文介绍的熵值法、耦合协调度模型、综合效益指数模型和耦合度模型正式对三峡库区环境-经济-社会复合生态系统耦合协调发展进行全面的实证分析，着重对实证结果进行较为科学的解释，以期准确而真实地把握三峡库区环境-经济-社会复合生态系统耦合协调发展变化情况，为后文的对策建议提供充分的实证支撑。

5.1 三峡库区复合生态系统发展水平评价

5.1.1 指标权重确定

采用改进的熵值法来确定各个系统的指标权重。由于熵值法确定权重的第一步和第二步在对指标进行无量纲正向化处理和求指标比重时占用篇幅较大，本书在正文中将不再叙述，在此仅给出环境-经济-社会各子系统指标的信息熵值、信息冗余度和最终的指标权重，以便于下文环境-经济-社会各子系统效益指数计算及三峡库区环境-经济-社会复合生态系统耦合协调度评价（表5-1、表5-2、表5-3）。

表 5-1 三峡库区环境子系统各指标权重

区域	指标	A11	A12	A21	A22	A23	A31	A32	A33
库首地区	信息熵值	0.744	0.899	0.908	0.886	0.913	0.914	0.844	0.847
	信息冗余度	0.256	0.101	0.092	0.114	0.087	0.086	0.156	0.153
	指标权重	0.244	0.097	0.088	0.109	0.084	0.082	0.150	0.146

续表

区域	指标	A11	A12	A21	A22	A23	A31	A32	A33
库腹地区	信息熵值	0.762	0.940	0.875	0.878	0.921	0.958	0.827	0.770
	信息冗余度	0.238	0.060	0.125	0.122	0.079	0.042	0.173	0.230
	指标权重	0.223	0.056	0.116	0.114	0.074	0.039	0.162	0.215
库尾地区	信息熵值	0.888	0.940	0.914	0.870	0.921	0.963	0.936	0.938
	信息冗余度	0.112	0.060	0.086	0.130	0.079	0.037	0.064	0.062
	指标权重	0.179	0.095	0.137	0.206	0.125	0.059	0.101	0.098
重庆库区	信息熵值	0.815	0.943	0.910	0.866	0.886	0.933	0.905	0.897
	信息冗余度	0.185	0.057	0.090	0.134	0.114	0.067	0.095	0.103
	指标权重	0.220	0.067	0.106	0.159	0.135	0.079	0.112	0.122
三峡库区	信息熵值	0.880	0.897	0.871	0.961	0.910	0.886	0.891	0.872
	信息冗余度	0.120	0.103	0.129	0.039	0.090	0.114	0.109	0.128
	指标权重	0.111	0.096	0.120	0.037	0.084	0.106	0.102	0.119

表 5-2 三峡库区经济子系统各指标权重

区域	指标	B11	B12	B13	B21	B22	B31	B32	B33	B41	B42
库首地区	信息熵值	0.861	0.851	0.849	0.913	0.857	0.849	0.884	0.855	0.844	0.862
	信息冗余度	0.139	0.149	0.151	0.087	0.143	0.151	0.116	0.145	0.156	0.138
	指标权重	0.101	0.109	0.110	0.063	0.104	0.110	0.084	0.106	0.113	0.100
库腹地区	信息熵值	0.872	0.886	0.870	0.945	0.903	0.849	0.869	0.865	0.863	0.861
	信息冗余度	0.128	0.114	0.130	0.055	0.097	0.151	0.131	0.135	0.137	0.139
	指标权重	0.105	0.094	0.107	0.045	0.079	0.124	0.107	0.111	0.113	0.115
库尾地区	信息熵值	0.889	0.910	0.876	0.966	0.906	0.899	0.905	0.877	0.898	0.886
	信息冗余度	0.111	0.090	0.124	0.034	0.094	0.101	0.095	0.123	0.102	0.114
	指标权重	0.113	0.091	0.125	0.034	0.095	0.102	0.096	0.124	0.103	0.116
重庆库区	信息熵值	0.882	0.901	0.872	0.962	0.921	0.888	0.891	0.872	0.884	0.877
	信息冗余度	0.118	0.099	0.128	0.038	0.079	0.112	0.109	0.128	0.116	0.123
	指标权重	0.113	0.094	0.122	0.037	0.075	0.107	0.104	0.121	0.110	0.117
三峡库区	信息熵值	0.880	0.897	0.871	0.961	0.910	0.886	0.891	0.872	0.882	0.877
	信息冗余度	0.120	0.103	0.129	0.039	0.090	0.114	0.109	0.128	0.118	0.123
	指标权重	0.111	0.096	0.120	0.037	0.084	0.106	0.102	0.119	0.110	0.115

表 5-3　三峡库区社会子系统各指标权重

区域	指标	C11	C12	C21	C22	C23	C24	C31	C32	C33	C41	C42
库首地区	信息熵值	0.853	0.846	0.872	0.915	0.857	0.935	0.868	0.854	0.878	0.904	0.880
	信息冗余度	0.147	0.154	0.128	0.085	0.143	0.065	0.132	0.146	0.122	0.096	0.120
	指标权重	0.110	0.115	0.096	0.064	0.107	0.049	0.098	0.109	0.092	0.071	0.090
库腹地区	信息熵值	0.876	0.859	0.703	0.789	0.819	0.919	0.787	0.851	0.875	0.862	0.873
	信息冗余度	0.124	0.141	0.297	0.211	0.181	0.081	0.213	0.149	0.125	0.138	0.127
	指标权重	0.070	0.079	0.166	0.118	0.101	0.045	0.119	0.083	0.070	0.077	0.071
库尾地区	信息熵值	0.893	0.871	0.848	0.870	0.952	0.927	0.813	0.831	0.853	0.878	0.850
	信息冗余度	0.107	0.129	0.152	0.130	0.048	0.073	0.187	0.169	0.147	0.122	0.150
	指标权重	0.076	0.091	0.108	0.092	0.034	0.052	0.132	0.119	0.104	0.086	0.106
重庆库区	信息熵值	0.886	0.866	0.754	0.825	0.950	0.924	0.798	0.841	0.867	0.863	0.852
	信息冗余度	0.114	0.134	0.246	0.175	0.050	0.076	0.202	0.159	0.133	0.137	0.148
	指标权重	0.073	0.085	0.156	0.111	0.032	0.049	0.128	0.101	0.085	0.087	0.094
三峡库区	信息熵值	0.882	0.864	0.762	0.831	0.947	0.924	0.809	0.843	0.868	0.874	0.857
	信息冗余度	0.118	0.136	0.238	0.169	0.053	0.076	0.191	0.157	0.132	0.126	0.143
	指标权重	0.077	0.088	0.155	0.110	0.034	0.049	0.124	0.102	0.086	0.082	0.093

5.1.2　环境–经济–社会复合生态系统效益指数

1. 环境子系统效益指数分析

由表 5-4 可知，三峡库区环境子系统效益指数整体呈先下降后增长的 U 形变化趋势，2005～2011 年呈波动下降趋势，由 0.639 下降至 0.368，其间于 2007 年及 2010 年分别出现小幅上涨态势，2007 年比上年上涨 0.034，2010 年比上年上涨 0.123；2011～2017 年呈缓慢上升趋势，由 0.368 上升至 0.571。工业环境及生活环境的变化对环境子系统效益产生了重大影响。查看原始数据得知，2005～2011 年，城镇生活污水排放量由 4.09 亿 t 上升至 7.06 亿 t，城镇人均生活污水排放量由 21.83t 上升至 35.93t，该阶段生活环境的恶化使环境子系统效益下降。其间 2007 年及 2010 年环境质量的提升主要源于工业环境的改善，2007 年及 2010 年人均工业废水排放量分别比上年下降了 8.45t 及 8.98t，人均工业化学需氧量分别下降了 3.75kg 及 9.07kg；2011～2017 年，工业环境及生活环境质量的再次提升使库区环境质量得以继续改善。该阶段的人均工业废水排放量、人均工业化学需氧量、人均工业氨氮排放量、城镇人均生活污水化学需氧量及城镇人均生活污水氨氮排放量均呈下降趋势。人均工业废水排放量由 2011 年的 9.72t 下降至 2017 年的 5.09t，人均工业化学需氧量由 2011 年的 18.22kg 下降至 2017 年的 4.10kg，人均工业氨氮排放量由 2005 年的 1.02kg 下降至 2017 年的 0.30kg，城镇人均生活污水化学需氧量由 2005 年的 7.35kg 下降至 2017 年的 6.82kg，城镇人均生活污水氨氮排放量由 2005 年的 1.30kg 下降至 2017 年的 0.97kg，尽管生活环境改善幅度较小，但仍对库区整体环境质量产生了一定的影响。

然而就区域而言，三峡库区后期环境质量的提升又主要得益于重庆库区，特别是库尾地区环境质量的改善，库首和库腹地区尤其是库首地区则对三峡库区环境质量提升有负向拉动作用。库首地区环境子系统效益指数从 2005 年的 0.952 下降至 2014 年的 0.081，年均增长率达–23.95%，尽管 2015～2017 年又呈上升趋势，到 2017 年上升至 0.413，但仍远小于 2005 年的效益指数，说明库首地区环境子系统退化倾向明显，需要高度警惕；2005～2011 年，库腹地区环境子系统效益指数下降明显，由 0.675 下降至 0.254，年均增长率为–15.03%，虽然 2012～2017 年呈缓慢上升趋势，但 2017 年效益指数为 0.444，仍低于 2005 年的初始值，说明库腹地区环境子系统在退化后虽有恢复趋势，但成效不甚显著；库尾地区环境子系统效益指数虽于 2005～2009 年下降了 0.167，但后期上升态势明显，由 2009 年的 0.336 总体上升至 2017 年的 0.771，年均增长率高达 10.94%，对库区环境质量的改善起主要拉动作用；重庆库区环境子系统效益指数 2005～2011 年由 0.603 下降至 0.436，2012～2017 年，由 0.454 缓慢上升至 0.607。

库首地区的环境子系统趋向恶化且恢复不明显，这主要缘于库首地区正处于工业化中期，库首地区正在全力推进工业化进程。在前文对三峡库区经济子系统发展现状的描述中即可看出，库首地区的第二产业份额迅速膨胀，由 2005 年的 30.7% 猛升至 2017 年的 52.9%。第二产业以工业为主体。库首地区经济基础条件较差，所发展的工业大都是高投入、高能耗、高污染的资源开发型行业，如矿化工业、建材产业和纺织行业等，而工业企业规模较小，产业集中度低，环保技术、工艺与装备应用水平和普及率较低，且许多企业甚至对产生的污染物不加处理，直接排放到库区中。同时库首地区城镇化进程加快，从前文可知库首地区城镇化率由 2005 年的 18.9% 上升到 2017 年的 45.4%。城镇人口的剧增也增加了城镇生活污水的排放，给库区生态环境造成了巨大压力。另外，库首地区的农业发展是高投入型的粗放农业，化肥施用强度和农药使用强度远高于库腹、库尾地区和世界公认的警戒线上限。2017 年，库首地区化肥施用强度和农药使用强度分别为 1121.14kg/hm² 和 19.93kg/hm²，远高于库腹地区的 234.28kg/hm² 和 4.50kg/hm² 与库尾地区的 262.11kg/hm² 和 4.68kg/hm²，而世界公认化肥施用强度和农药使用强度警戒上限分别为 225.00kg/hm² 和 7.00kg/hm²。库首地区向库区排放了大量的化肥和农药。这一切加大了库首地区的点源污染和面源污染风险，致使库首地区环境子系统趋向退化。

库腹地区的环境子系统效益指数于 2005～2007 年出现上升,主要源于该阶段生活环境的改善。2005～2007 年,城镇人均生活污水由 18.42t 下降至 14.64t,城镇人均生活污水化学需氧量由 4.33kg 下降至 3.45kg;此后两年,效益指数下降,而 2010 年再次上升。2010 年,库腹地区的环境子系统效益指数为 0.555,较之于上年上升了 16.84%,其中工业环境的改善对此功贡献较大。查看原始数据可知,人均工业废水排放量由 2009 年的 19.55t 下降至 2010 年的 10.45t,人均工业化学需氧量由 2009 年的 31.74kg 下降至 2010 年的 22.41kg,人均工业氨氮排放量由 2009 年的 3.00kg 下降至 2010 年的 1.51kg;环境效益指数在 2011 年骤降,从 2010 年的 0.555 下降至 0.254,下降了 54.23%,这主要还是由于 2011 年重庆市委市政府提出把万州建成重庆的第二大城市,万州的城镇化和工业化速度加快,城镇生活污水随之猛升,使得库腹地区的环境子系统效益指数产生较大跌幅;2012 年后,库腹地区环境效益指数值总体上缓慢回升,其中 2015 年后回升速度加快,2015～2017 年的年均增长率为 25.70%,这是由于工业环境的改善对其影响较大,其中人均工业化学需氧量由 2015 年的 25.59kg 下降至 2017 年的 5.48kg,人均工业废水排放量由 2015 年的 10.76t 下降至 2017 年的 4.55t。

库尾地区的环境子系统尽管前期不太稳定,但自 2009 年后不断趋于完善,环境子系统效益指数逐年上升。2009～2017 年,库尾地区环境子系统效益指数由 0.336 上升至 0.771,年均增长率为 10.94%。究其根源,同样是由于库尾地区已处于工业化后期,产业结构逐渐向以第三产业为主导型发展,产业结构不断调整升级,物联网、大数据、云计算、电子信息产业等知识与技术密集型产业与金融、物流等现代服务业等这些低污染产业逐渐成为库尾地区的支柱产业,同时依托自身雄厚的资金实力和技术优势,发展高效现代农业,致使农业对库区生态环境的胁迫作用十分微弱,其中 2009～2017 年农药使用强度由 23.41kg/hm^2 下降至 19.93kg/hm^2。库尾地区的环境子系统不断趋于协调。

表 5-4 2005～2017 年三峡库区各区域环境子系统效益指数

年份	库首地区(湖北库区)	库腹地区	库尾地区	重庆库区	三峡库区
2005	0.952	0.675	0.503	0.603	0.639
2006	0.841	0.694	0.401	0.543	0.541
2007	0.806	0.700	0.459	0.596	0.575
2008	0.809	0.537	0.344	0.404	0.417
2009	0.509	0.475	0.336	0.389	0.367
2010	0.457	0.555	0.514	0.527	0.490
2011	0.190	0.254	0.631	0.436	0.368
2012	0.158	0.255	0.648	0.454	0.380

年份	库首地区 （湖北库区）	库腹地区	库尾地区	重庆库区	三峡库区
2013	0.130	0.257	0.701	0.488	0.420
2014	0.081	0.253	0.680	0.496	0.428
2015	0.145	0.281	0.716	0.523	0.463
2016	0.392	0.427	0.732	0.576	0.530
2017	0.413	0.444	0.771	0.607	0.571

2. 经济子系统效益指数分析

由表5-5可知，三峡库区经济子系统效益指数呈平稳较快的增长态势，由2005年的0.001稳步上升至2017年的0.986，三峡库区经济子系统实现了显著的发展。可以看到，不仅三峡库区整体经济子系统效益指数显著增长，而且各区域经济子系统效益指数也均实现了快速增长，库首地区经济子系统效益指数由2005年的0.004上升至2017年的0.939，库腹地区经济子系统效益指数由2005年的0.001上升至2017年的0.975，库尾地区经济子系统效益指数由2005年的0.002上升至2017年的0.968，重庆库区经济子系统效益指数由2005年的0.001上升至2017年的0.984。这说明，各库区经济子系统的发展是系统而全面的，无明显不均衡现象，表明库区各区域坚持以经济建设为中心，集中一切精力和资源把经济建设搞上去，而结果也的确如此，经济系统实现了迅猛发展。另外有两点需要注意，一是库首地区人口稀少，经济体量弱小，属于经济子系统最不发达区域，因此库首地区的经济子系统效益指数总体为区域最低值。尽管库首地区集中精力全力推进工业化进程，工业在短期内实现了经济的高速增长，同时库首地区作为三峡工程的大坝所在地，集中了一批有实力的大型国有企业，区域的财政收入和财政支出水平较高，有较为坚实的财政力量来支撑经济系统的发展，但粗放型发展方式对环境子系统产生了较大压力，因此尚未实现可持续发展。二是库尾地区的经济子系统效益指数常年最高。由前文可知，库尾地区不断优化产业结构，大力发展物联网、云计算、大数据、机器人、石墨烯等战略性新兴产业与文化创意产业、金融和物流等现代服务业，加快产业结构功能化、合理化和高级化，第三产业已成为库尾地区的主导产业，经济子系统效益指数一直呈现快速增长趋势。

表5-5　2005～2017年三峡库区各区域经济子系统效益指数

年份	库首地区 （湖北库区）	库腹地区	库尾地区	重庆库区	三峡库区
2005	0.004	0.001	0.002	0.001	0.001
2006	0.030	0.046	0.076	0.061	0.058

续表

年份	库首地区 （湖北库区）	库腹地区	库尾地区	重庆库区	三峡库区
2007	0.076	0.078	0.189	0.121	0.116
2008	0.107	0.150	0.287	0.205	0.194
2009	0.184	0.261	0.370	0.315	0.302
2010	0.315	0.360	0.400	0.404	0.403
2011	0.422	0.474	0.598	0.564	0.558
2012	0.540	0.568	0.694	0.658	0.653
2013	0.641	0.640	0.696	0.687	0.689
2014	0.737	0.723	0.783	0.774	0.777
2015	0.870	0.821	0.866	0.865	0.871
2016	0.920	0.909	0.922	0.931	0.936
2017	0.939	0.975	0.968	0.984	0.986

3. 社会子系统效益指数分析

由表 5-6 可知，三峡库区社会子系统效益指数同样保持较快增长态势，由 2005 年的 0.001 上升到 2017 年的 0.977，三峡库区社会子系统实现了较大的发展。三峡库区社会子系统的较快发展主要得益于库区人民生活水平的快速提升和医疗条件的显著改善。三峡库区城镇居民人均可支配收入和农村居民人均可支配收入分别由 2005 年的 8776 元和 2888 元上升至 2017 年的 31 693 元和 13 469 元，分别上升了 3.61 倍和 4.66 倍；每万人拥有卫生机构数由 2005 年的 2.48 个增长至 2017 年的 6.42 个，增加了 1.59 倍；每万人拥有卫生机构床位数由 2005 年的 24.86 张增长至 2017 年的 67.99 张，增长了 1.73 倍；每万人拥有卫生技术人员数由 2005 年的 30.88 人增长至 2017 年的 67.43 人，增长了 1.18 倍。同时，库尾地区同样是社会子系统最发达的区域，凭借雄厚的经济实力长期保持其绝对优势地位。与经济子系统相同的是，在社会子系统的区域比较中，库尾地区始终保持着对库腹地区的优势地位，而库腹地区始终保持着对库首地区的优势地位。一方面库首地区人口较少，教师数量较少，学生数量也较少，教育水平较低。教育水平方面，库腹地区高于库首地区，而库尾地区高于库腹地区。另一方面，由于三峡工程位于库首地区，库首地区因三峡工程产生的地理变迁相对较大，地质灾害发生相对频繁，一旦发生地质灾害，手机等移动通信工具可能因天线、电力、传输信号设备及光缆等配套设备设施损坏而无法使用，而广播频率覆盖范围广泛，通过卫星传播，故而库首地区特别注重扩大广播覆盖面而使得其广播覆盖率较库腹及库尾地区高，广电水平高。但医疗水平仍是库首地区最低。2005～2017 年，库首地区每万人拥有卫生技术人员数由 27.34 人增长至 54.91 人，库腹地区由 23.15 人增长至

51.71 人，库尾地区由 3.46 人增长至 81.44 人。库首地区每万人拥有卫生机构床位数由 2005 年的 16.64 张增长至 2017 年的 36.83 张，库腹地区每万人拥有卫生机构床位数由 2005 年的 16.76 张增长至 2017 年的 62.72 张，库尾地区每万人拥有卫生机构床位数由 2005 年的 34.69 张增长至 2017 年的 76.40 张，可以看出各库区社会效益仍然存在着较大差距。

表 5-6　2005～2017 年三峡库区各区域社会子系统效益指数

年份	库首地区（湖北库区）	库腹地区	库尾地区	重庆库区	三峡库区
2005	0.105	0.006	0.027	0.004	0.001
2006	0.148	0.060	0.045	0.040	0.040
2007	0.176	0.073	0.094	0.069	0.073
2008	0.239	0.156	0.132	0.122	0.128
2009	0.321	0.215	0.149	0.154	0.169
2010	0.459	0.346	0.401	0.324	0.340
2011	0.512	0.500	0.611	0.515	0.507
2012	0.624	0.523	0.680	0.577	0.575
2013	0.646	0.570	0.718	0.630	0.629
2014	0.726	0.585	0.774	0.672	0.674
2015	0.790	0.629	0.890	0.755	0.757
2016	0.824	0.858	0.945	0.938	0.936
2017	0.828	0.894	0.987	0.979	0.977

5.2　三峡库区复合生态系统耦合度分析

5.2.1　环境-经济系统耦合度分析

采用在 4.3 节中介绍的耦合度模型来测度三峡库区各区域环境-经济系统耦合度。由表 5-7 可知，三峡库区环境-经济系统耦合度处于不断上升趋势，环境、经济子系统间的相互作用程度逐年上升，耦合度由 2005 年的 0.032 上升至 2017 年的 0.601，耦合类型也由低水平耦合阶段逐步过渡到磨合阶段，耦合类型逐步高级化，但是环境-经济系统的耦合度始终无法突破 0.79 水平，表明尽管三峡库区环境-经济系统的作用程度在逐年提升，但是其作用强度仍然不高。受库尾地区的强力拉动，除 2005 年外，重庆库区环境-经济系统的耦合强度要高于湖北库区，库首、库腹、库尾三大区域中属库尾地区的耦合度最高，库尾地区早在 2011 年就进入了磨合阶段，但是库尾地区也难以跨越 0.79 的界限，长期处于磨合阶段而无法突破。

值得一提的是库首和库腹地区耦合度的变化。库首地区耦合度不是严格按照上述几个阶段的顺序演变,出现了倒退现象,如库首地区 2013 年为拮抗阶段,2014年退化为低水平耦合阶段。库首地区环境-经济系统的耦合情况之所以会出现反复,仍缘于其粗放型发展模式。这种发展模式对生态环境造成了极大的伤害。库腹地区情况则好得多,环境-经济系统的耦合度总体平稳提升,由 2005 年的 0.032 上升到 2017 年的 0.552,耦合类型也由低水平耦合阶段过渡到拮抗阶段,又由拮抗阶段过渡到磨合阶段。库腹地区环境-经济系统耦合类型的提升是一个渐变有序的过程,没有出现任何反复逆转的情况。

表 5-7　2005～2017 年三峡库区各区域环境-经济系统耦合度及耦合类型

年份	项目	库首地区 (湖北库区)	库腹地区	库尾地区	重庆库区	三峡库区
2005	耦合度	0.063	0.032	0.045	0.032	0.032
	耦合类型	低水平耦合阶段	低水平耦合阶段	低水平耦合阶段	低水平耦合阶段	低水平耦合阶段
2006	耦合度	0.170	0.208	0.253	0.234	0.229
	耦合类型	低水平耦合阶段	低水平耦合阶段	低水平耦合阶段	低水平耦合阶段	低水平耦合阶段
2007	耦合度	0.264	0.265	0.366	0.317	0.311
	耦合类型	低水平耦合阶段	低水平耦合阶段	拮抗阶段	拮抗阶段	拮抗阶段
2008	耦合度	0.307	0.342	0.396	0.369	0.364
	耦合类型	拮抗阶段	拮抗阶段	拮抗阶段	拮抗阶段	拮抗阶段
2009	耦合度	0.368	0.410	0.420	0.417	0.407
	耦合类型	拮抗阶段	拮抗阶段	拮抗阶段	拮抗阶段	拮抗阶段
2010	耦合度	0.432	0.467	0.474	0.478	0.470
	耦合类型	拮抗阶段	拮抗阶段	拮抗阶段	拮抗阶段	拮抗阶段
2011	耦合度	0.362	0.407	0.554	0.496	0.471
	耦合类型	拮抗阶段	拮抗阶段	磨合阶段	磨合阶段	拮抗阶段
2012	耦合度	0.350	0.420	0.579	0.518	0.490
	耦合类型	拮抗阶段	拮抗阶段	磨合阶段	磨合阶段	磨合阶段
2013	耦合度	0.329	0.428	0.591	0.534	0.511
	耦合类型	拮抗阶段	拮抗阶段	磨合阶段	磨合阶段	磨合阶段
2014	耦合度	0.270	0.433	0.603	0.550	0.525
	耦合类型	低水平耦合阶段	拮抗阶段	磨合阶段	磨合阶段	磨合阶段
2015	耦合度	0.353	0.458	0.626	0.571	0.550
	耦合类型	拮抗阶段	拮抗阶段	磨合阶段	磨合阶段	磨合阶段

续表

年份	项目	库首地区 （湖北库区）	库腹地区	库尾地区	重庆库区	三峡库区
2016	耦合度	0.524	0.539	0.639	0.597	0.582
	耦合类型	磨合阶段	磨合阶段	磨合阶段	磨合阶段	磨合阶段
2017	耦合度	0.536	0.552	0.655	0.613	0.601
	耦合类型	磨合阶段	磨合阶段	磨合阶段	磨合阶段	磨合阶段

5.2.2　环境–社会系统耦合度分析

采用耦合度模型来测度三峡库区各区域环境–社会系统耦合度。由表 5-8 知，三峡库区环境–社会系统耦合度处于不断上升趋势，环境、社会子系统间的相互作用程度逐年上升，耦合度由 2005 年的 0.032 上升至 2017 年的 0.600，耦合类型也由低水平耦合阶段逐步过渡到磨合阶段，耦合类型逐步提升。同样受库尾地区的强力拉动影响，2011～2017 年，重庆库区环境–社会系统的耦合强度要高于湖北库区。同期，库首、库腹、库尾三大区域中属库尾地区的耦合度最高，库尾地区早在 2011 年就进入了磨合阶段，库首地区、库腹地区在 2016 年才进入磨合阶段，但是库尾地区难以跨越 0.79 的界限，长期处于磨合阶段而无法突破。

库首地区的环境–社会系统的耦合度不是严格按照上述几个阶段来顺序演变的，在 2014 年发生了倒退现象，由拮抗阶段重新退化至低水平耦合阶段。库腹地区情况则好得多，环境–社会系统的耦合度呈波动上升趋势，由 2005 年的 0.077 波动上升到 2017 年的 0.545，耦合类型也由低水平耦合阶段过渡到拮抗阶段，又由拮抗阶段过渡到磨合阶段。库腹地区环境–社会系统的耦合度上升是一个渐变有序的过程，没有出现任何反复逆转的情况，有利于库腹地区乃至整个三峡库区环境–社会子系统间协同作用的发挥。

表 5-8　2005～2017 年三峡库区各区域环境–社会系统耦合度及耦合类型

年份	项目	库首地区 （湖北库区）	库腹地区	库尾地区	重庆库区	三峡库区
2005	耦合度	0.308	0.077	0.160	0.063	0.032
	耦合类型	拮抗阶段	低水平耦合阶段	低水平耦合阶段	低水平耦合阶段	低水平耦合阶段
2006	耦合度	0.355	0.235	0.201	0.193	0.193
	耦合类型	拮抗阶段	低水平耦合阶段	低水平耦合阶段	低水平耦合阶段	低水平耦合阶段

续表

年份	项目	库首地区 （湖北库区）	库腹地区	库尾地区	重庆库区	三峡库区
2007	耦合度	0.380	0.257	0.279	0.249	0.255
	耦合类型	拮抗阶段	低水平耦合阶段	低水平耦合阶段	低水平耦合阶段	低水平耦合阶段
2008	耦合度	0.430	0.348	0.309	0.306	0.313
	耦合类型	拮抗阶段	拮抗阶段	拮抗阶段	拮抗阶段	拮抗阶段
2009	耦合度	0.444	0.385	0.321	0.332	0.340
	耦合类型	拮抗阶段	拮抗阶段	拮抗阶段	拮抗阶段	拮抗阶段
2010	耦合度	0.479	0.462	0.475	0.448	0.448
	耦合类型	拮抗阶段	拮抗阶段	拮抗阶段	拮抗阶段	拮抗阶段
2011	耦合度	0.372	0.410	0.557	0.486	0.462
	耦合类型	拮抗阶段	拮抗阶段	磨合阶段	拮抗阶段	拮抗阶段
2012	耦合度	0.355	0.414	0.576	0.504	0.478
	耦合类型	拮抗阶段	拮抗阶段	磨合阶段	磨合阶段	拮抗阶段
2013	耦合度	0.329	0.421	0.596	0.524	0.502
	耦合类型	拮抗阶段	拮抗阶段	磨合阶段	磨合阶段	磨合阶段
2014	耦合度	0.270	0.420	0.602	0.534	0.512
	耦合类型	低水平耦合阶段	拮抗阶段	磨合阶段	磨合阶段	磨合阶段
2015	耦合度	0.350	0.441	0.630	0.556	0.536
	耦合类型	拮抗阶段	拮抗阶段	磨合阶段	磨合阶段	磨合阶段
2016	耦合度	0.515	0.534	0.642	0.597	0.582
	耦合类型	磨合阶段	磨合阶段	磨合阶段	磨合阶段	磨合阶段
2017	耦合度	0.525	0.545	0.658	0.612	0.600
	耦合类型	磨合阶段	磨合阶段	磨合阶段	磨合阶段	磨合阶段

5.2.3 经济-社会系统耦合度分析

采用耦合度模型来测度三峡库区各区域经济-社会系统耦合度，结果如表 5-9 所示。三峡库区经济-社会系统耦合度处于不断上升趋势，表明经济、社会子系统间的相互作用程度逐年上升，耦合度由 2005 年的 0.022 上升至 2017 年的 0.701，耦合类型逐步高级化，由低水平耦合阶段逐步过渡到磨合阶段，而库区经济-社会系统的耦合度始终无法突破 0.79 水平，表明尽管库区经济-社会系统的耦合程度在逐年提升，但是其作用强度仍然不高，三峡库区经济、社会子系统间的作用强度有待进一步释放和提升。同时，库首地区经济-社会系统的耦合度总体低于三峡库区其他地区。

三峡库区各区域的经济-社会系统的耦合度均呈稳步提升趋势，耦合类型也由低水平耦合阶段过渡到拮抗阶段，又由拮抗阶段过渡到磨合阶段，经济-社会系统的耦合度上升是一个渐变有序的过程，没有出现任何反复逆转的情况。这种情况十分有利于整个三峡库区经济、社会子系统间协同作用的发挥。

表5-9 2005～2017年三峡库区各区域经济-社会系统耦合度及耦合类型

年份	项目	库首地区（湖北库区）	库腹地区	库尾地区	重庆库区	三峡库区
2005	耦合度	0.062	0.029	0.043	0.028	0.022
	耦合类型	低水平耦合阶段	低水平耦合阶段	低水平耦合阶段	低水平耦合阶段	低水平耦合阶段
2006	耦合度	0.158	0.161	0.168	0.155	0.154
	耦合类型	低水平耦合阶段	低水平耦合阶段	低水平耦合阶段	低水平耦合阶段	低水平耦合阶段
2007	耦合度	0.230	0.194	0.251	0.210	0.212
	耦合类型	低水平耦合阶段	低水平耦合阶段	低水平耦合阶段	低水平耦合阶段	低水平耦合阶段
2008	耦合度	0.272	0.277	0.301	0.277	0.278
	耦合类型	低水平耦合阶段	低水平耦合阶段	拮抗阶段	低水平耦合阶段	低水平耦合阶段
2009	耦合度	0.342	0.343	0.326	0.322	0.329
	耦合类型	拮抗阶段	拮抗阶段	拮抗阶段	拮抗阶段	拮抗阶段
2010	耦合度	0.432	0.420	0.447	0.424	0.429
	耦合类型	拮抗阶段	拮抗阶段	拮抗阶段	拮抗阶段	拮抗阶段
2011	耦合度	0.481	0.493	0.550	0.519	0.515
	耦合类型	拮抗阶段	磨合阶段	磨合阶段	磨合阶段	磨合阶段
2012	耦合度	0.538	0.522	0.586	0.554	0.553
	耦合类型	磨合阶段	磨合阶段	磨合阶段	磨合阶段	磨合阶段
2013	耦合度	0.567	0.549	0.594	0.573	0.573
	耦合类型	磨合阶段	磨合阶段	磨合阶段	磨合阶段	磨合阶段
2014	耦合度	0.605	0.569	0.624	0.600	0.601
	耦合类型	磨合阶段	磨合阶段	磨合阶段	磨合阶段	磨合阶段
2015	耦合度	0.643	0.597	0.663	0.635	0.636
	耦合类型	磨合阶段	磨合阶段	磨合阶段	磨合阶段	磨合阶段
2016	耦合度	0.659	0.664	0.683	0.684	0.684
	耦合类型	磨合阶段	磨合阶段	磨合阶段	磨合阶段	磨合阶段

续表

年份	项目	库首地区 （湖北库区）	库腹地区	库尾地区	重庆库区	三峡库区
2017	耦合度	0.663	0.683	0.699	0.701	0.701
	耦合类型	磨合阶段	磨合阶段	磨合阶段	磨合阶段	磨合阶段

5.2.4 环境-经济-社会复合生态系统耦合度分析

采用耦合度模型来测度三峡库区各区域环境-经济-社会复合生态系统耦合度，结果如表 5-10 所示。由表 5-10 可知，三峡库区环境-经济-社会复合生态系统耦合度处于不断上升趋势，环境、经济、社会子系统间的相互作用程度逐年上升，耦合度由 2005 年的 0.010 上升至 2017 年的 0.564，耦合类型逐步高级化，但是三峡库区复合生态系统的耦合度始终无法突破 0.79 水平。这表明，尽管三峡库区复合生态系统的作用程度在逐年提升，然而其作用强度仍然不高，环境、经济、社会子系统间的作用强度仅仅只能使复合生态系统刚刚进入良性耦合阶段，生态环境得到初步修复，却始终无法使复合生态系统走向有序发展，环境、经济、社会子系统间的作用强度有待进一步释放和提升。受库尾地区的强力拉动，重庆库区环境、经济、社会子系统间的耦合强度要高于湖北库区，库首、库腹、库尾三大区域中属库尾地区的耦合度最高，库尾地区早在 2012 年就进入了磨合阶段，但长期处于磨合阶段而无法突破。

值得一提的是库首和库腹地区耦合度的变化。库首、库腹地区环境-经济-社会复合生态系统的耦合度总体低于库尾地区，并且库腹地区的环境-经济-社会复合生态系统的耦合度较晚于库首、库尾地区进入磨合阶段，这仍缘于其粗放型发展模式。这种发展模式对生态环境造成了极大的伤害。库首、库腹、库尾地区环境-经济-社会复合生态系统的耦合度上升是一个渐变有序的过程，耦合类型没有出现任何反复逆转的情况。这种情况十分有利于三峡库区环境、经济、社会子系统间协同作用的发挥。

表 5-10 2005～2017 年三峡库区各区域环境-经济-社会复合生态系统耦合度及耦合类型

年份	项目	库首地区 （湖北库区）	库腹地区	库尾地区	重庆库区	三峡库区
2005	耦合度	0.016	0.018	0.034	0.018	0.010
	耦合类型	低水平耦合阶段	低水平耦合阶段	低水平耦合阶段	低水平耦合阶段	低水平耦合阶段
2006	耦合度	0.129	0.135	0.142	0.134	0.127
	耦合类型	低水平耦合阶段	低水平耦合阶段	低水平耦合阶段	低水平耦合阶段	低水平耦合阶段

续表

年份	项目	库首地区 （湖北库区）	库腹地区	库尾地区	重庆库区	三峡库区
2007	耦合度	0.188	0.169	0.231	0.218	0.189
	耦合类型	低水平耦合阶段	低水平耦合阶段	低水平耦合阶段	低水平耦合阶段	低水平耦合阶段
2008	耦合度	0.251	0.251	0.277	0.267	0.251
	耦合类型	低水平耦合阶段	低水平耦合阶段	低水平耦合阶段	低水平耦合阶段	低水平耦合阶段
2009	耦合度	0.298	0.313	0.303	0.301	0.300
	耦合类型	拮抗阶段	拮抗阶段	拮抗阶段	拮抗阶段	拮抗阶段
2010	耦合度	0.387	0.378	0.401	0.398	0.386
	耦合类型	拮抗阶段	拮抗阶段	拮抗阶段	拮抗阶段	拮抗阶段
2011	耦合度	0.440	0.383	0.488	0.455	0.424
	耦合类型	拮抗阶段	拮抗阶段	拮抗阶段	拮抗阶段	拮抗阶段
2012	耦合度	0.465	0.396	0.514	0.478	0.449
	耦合类型	拮抗阶段	拮抗阶段	磨合阶段	拮抗阶段	拮抗阶段
2013	耦合度	0.482	0.411	0.526	0.491	0.468
	耦合类型	拮抗阶段	拮抗阶段	磨合阶段	拮抗阶段	拮抗阶段
2014	耦合度	0.499	0.420	0.542	0.499	0.486
	耦合类型	磨合阶段	拮抗阶段	磨合阶段	磨合阶段	拮抗阶段
2015	耦合度	0.523	0.444	0.569	0.546	0.511
	耦合类型	磨合阶段	拮抗阶段	磨合阶段	磨合阶段	磨合阶段
2016	耦合度	0.556	0.514	0.583	0.586	0.547
	耦合类型	磨合阶段	磨合阶段	磨合阶段	磨合阶段	磨合阶段
2017	耦合度	0.571	0.527	0.597	0.589	0.564
	耦合类型	磨合阶段	磨合阶段	磨合阶段	磨合阶段	磨合阶段

5.3 三峡库区复合生态系统综合效益指数分析

采用在前文中介绍的综合效益指数模型，依次测度三峡库区各区域环境-经济系统、环境-社会系统、经济-社会系统及环境-经济-社会复合生态系统的综合效益指数。

5.3.1 环境-经济系统综合效益指数分析

三峡库区各区域环境-经济系统综合效益指数测算结果如表 5-11 所示。三峡库区环境-经济系统综合效益指数总体呈稳定增长趋势，由 2005 年的 0.320 上升至 2017 年的 0.779，年均增长率为 7.7%，表明三峡库区环境-经济系统稳步向前发展。具体来看，库首地区环境-经济系统综合效益指数从 2005 年的 0.478 上升至 2017 年的 0.676，年均增长率为 2.9%，无论是年均增长率还是综合效益指数，均显著低于三峡库区整体水平和重庆库区，这可能是因为在国家主体功能区大布局下，全国上下都在全面贯彻十八大"五位一体"精神，大力推进生态文明建设，致力于实现创新发展、协调发展、绿色发展、开放发展、共享发展，而库首地区仍大力发展污染型传统低端制造业，给库区环境造成了巨大的生态压力，库首地区环境子系统快速退化，最终使得其环境-经济系统发展相对缓慢。库腹地区环境-经济系统综合效益指数从 2005 年的 0.338 增长至 2017 年的 0.710，年均增长率为 6.4%，基本与三峡库区整体水平持平。2011~2017 年，库尾地区的环境-经济系统综合效益指数最高，且这种优势地位愈发强化，库尾地区环境-经济系统综合效益指数由 2005 年的 0.253 上升至 2017 年的 0.870，2005~2017 年年均增长率为 10.8%。截至 2017 年，库尾地区的环境-经济-社会系统已经高度发达，这当然是库尾地区环境、经济两个子系统共同发力的结果。库尾地区的环境子系统在 2005~2009 年并非库区地区中最发达区域，然而该地区不断出台政策，控制人均工业废水排放和生活污水排放，同时大力支持走集约高效型农业发展道路，减少农药化肥使用量，提升农业的科技含量，使得环境子系统不断快速成长，库尾地区的环境子系统完成了由最弱地位到最强地位的蜕变，从而助力了库尾地区环境-经济系统的综合发展。

重庆库区环境-经济系统综合效益指数从 2005 年的 0.302 增长至 2017 年的 0.796，年均增长率为 8.4%，其中库尾地区起到强有力的拉动作用。在重庆库区内部，库腹地区与库尾地区的环境-经济系统综合效益指数差额也在扩大，从 2005 年的-0.085 扩大至 2017 年的 0.160。课题组认为，这种差距的扩大属于一种被迫扩大的系统差距，原因可能是因为库尾地区除须尽量保护生态环境系统的健康发展外，还需加快提升经济社会发展水平，而库腹地区基础薄弱，仍处于产业结构调整时期，其第二产业尚不足以实现高级化转变，能够实现与库区平均水平持平已实属不易。同时我们发现，重庆库区与湖北库区二者之间的环境-经济系统综合效益指数对比明显。在 2009 年之前，湖北库区环境-经济系统综合效益指数一直高于重庆库区，而在 2009 年及之后，重庆库区实现反超，并且二者之间的差距也渐渐扩大。这种差距扩大的原因可能有两方面。一方面，库首地区经济子系统前期比重庆库区略微发达，但是后期随着库尾地区经济增长的带动，重庆库区经济子系统实现了反超；另一方面，其还可能是因为库首地区环境子系统的退化，由于其大力发展重工业导致的环境污染破坏了生态系统的发展，从而扩大了与重庆库区环境子系统的差距，加剧了湖北库区与重庆库区环境-经济系统综合效益指数的差异。

表 5-11　2005～2017 年三峡库区各区域环境-经济系统综合效益指数

年份	库首地区（湖北库区）	库腹地区	库尾地区	重庆库区	三峡库区
2005	0.478	0.338	0.253	0.302	0.320
2006	0.436	0.370	0.239	0.302	0.300
2007	0.441	0.389	0.324	0.359	0.346
2008	0.458	0.344	0.316	0.305	0.306
2009	0.347	0.368	0.353	0.352	0.335
2010	0.386	0.458	0.457	0.466	0.447
2011	0.306	0.364	0.615	0.500	0.463
2012	0.349	0.412	0.671	0.556	0.517
2013	0.386	0.449	0.699	0.588	0.555
2014	0.409	0.488	0.732	0.635	0.603
2015	0.508	0.551	0.791	0.694	0.667
2016	0.656	0.668	0.827	0.754	0.733
2017	0.676	0.710	0.870	0.796	0.779

5.3.2　环境-社会系统综合效益指数分析

三峡库区各区域环境-社会系统综合效益指数测算结果如表 5-12 所示。三峡库区环境-社会系统综合效益指数整体保持稳定增长趋势，由 2005 年的 0.320 上升至 2017 年的 0.774，年均增长率为 7.6%，表明三峡库区环境-社会系统总体上逐渐稳步向前发展，环境与社会之间呈现出良性循环、和谐一致的关系。具体来看，库首地区环境-社会系统综合效益指数从 2005 年的 0.529 上升至 2017 年的 0.621，年均增长率为 1.3%，但是库首地区综合效益指数呈现出先减少又增长的趋势，库尾地区 2008 年以后持续稳定增长，可以看出库首环境-社会系统发展相比库尾地区不太稳定。同时，库首地区环境-社会系统综合效益指数无论是 2005～2017 年的年均增长率还是综合效益指数，均显著低于库区其他区域和三峡库区整体水平。库腹地区环境-社会系统综合效益指数从 2005 年的 0.341 上升至 2017 年的 0.669，年均增长率为 5.8%，虽然低于库区整体水平，但是其总体保持着稳定的增长趋势，表明库腹地区近年来也在努力推动环境-社会系统的协调发展。库尾地区环境-社会系统综合效益指数从 2005 年的 0.265 上升至 2017 年的 0.879，年均增长率为 10.5%，是各库区中增长幅度最高的地区。这表明库尾地区近年来不仅经济子系统发展迅速，而且其环境、社会子系统也呈逐步完善的趋势。

重庆库区环境-社会系统综合效益指数从 2005 年的 0.304 上升至 2017 年的 0.793，年均增长率为 8.3%，这也离不开库尾地区强有力的拉动作用。同时，课题组发现，在重庆库区内部，库腹地区与库尾地区二者之间的环境-社会系统综合效益指数的差额与环境-经济子系统类似，即均整体呈现上升趋势，从 2005 年的-0.076 上升至 2017 年的 0.210，差额不仅在扩大，且最初是库腹地区环境-社会综合效益指数高于库尾地区的环境-社会综合效益指数，到 2010 年库尾地区实现反超，并且之后一直处于迅速增长阶段，与库腹地区的差距也就越来越明显。针对造成这种差距的原因，课题组推测可能是环境子系统的推动作用占了绝大部分，因为库尾地区近年来生态环境的保护、改善措施力度较大，且一直比库腹地区的实施成效明显，所以拉动了库尾地区环境-社会系统的综合发展。

表 5-12　2005～2017 年三峡库区各区域环境-社会系统综合效益指数

年份	库首地区 （湖北库区）	库腹地区	库尾地区	重庆库区	三峡库区
2005	0.529	0.341	0.265	0.304	0.320
2006	0.495	0.377	0.223	0.292	0.291
2007	0.491	0.387	0.277	0.333	0.324
2008	0.524	0.347	0.238	0.263	0.273
2009	0.415	0.345	0.243	0.272	0.268
2010	0.458	0.451	0.458	0.426	0.415
2011	0.351	0.377	0.621	0.476	0.438
2012	0.391	0.389	0.664	0.516	0.478
2013	0.388	0.414	0.710	0.559	0.525
2014	0.404	0.419	0.727	0.584	0.551
2015	0.468	0.455	0.803	0.639	0.610
2016	0.608	0.643	0.839	0.757	0.733
2017	0.621	0.669	0.879	0.793	0.774

5.3.3　经济-社会系统综合效益指数分析

三峡库区各区域经济-社会系统综合效益指数测算结果如表 5-13 所示。三峡库区经济-社会系统综合效益指数一直保持稳定且大幅度的增长趋势，由 2005 年的 0.001 上升至 2017 年的 0.982，年均增长率为 77.6%，表明三峡库区经济-社会系统不断完善，稳步向前发展。具体来看，库首地区经济-社会系统综合效益指数从 2005 年的 0.055 上升至 2017 年的 0.884，年均增长率为 26.0%。与环境-经济系统、环境-社会系统综合效益指数不同，库首地区的经济-社会系统综合效益指数并未出现先减小再增加的浮动，而是一直稳步增加，原因可能是库首地区长期以经济建设为中心，经济子系统不断快速成长，推动了相应社会子系统的发展，从而使得经济-社会系统整体发展处于较高水平；库腹地区经济-社会系统综合效益指数从 2005 年的 0.004 上升至 2017 年的 0.935，年均增长率为 57.5%，是库首、库腹、库尾地区中年均增长率最高的区域；库尾地区经济-社会系统综合效益指数从 2005 年的 0.015 上升至 2017 年的 0.978，年均增长率为 41.6%，虽然年均增长率不及库腹地区，但是其综合效益指数一直处于最高水平。库尾地区内部大部分区县本就是经济建设的重点区域，经济基础好，加上近年来各种政策助推其经济高质量绿色发展，经济建设水平显著提升，因此拉动了库尾地区经济-社会系统的整体发展。

重庆库区经济-社会系统综合效益指数从 2005 年的 0.003 上升至 2017 年的 0.982，年均增长率为 62.0%，其中库腹、库尾地区的拉动作用明显，尤其是库尾地区发挥了重要作用。同时，重庆库区内部库腹和库尾地区之间经济-社会系统综合效益指数的差额也在不断扩大，从 2005 年的 0.011 上升至 2017 年的 0.043，虽然差额增加幅度不大，但也表明了近年来库腹、库尾经济-社会系统发展的速度不一致。

表 5-13　2005～2017 年三峡库区各区域经济-社会系统综合效益指数

年份	库首地区 （湖北库区）	库腹地区	库尾地区	重庆库区	三峡库区
2005	0.055	0.004	0.015	0.003	0.001
2006	0.089	0.053	0.061	0.051	0.049
2007	0.126	0.076	0.142	0.095	0.095
2008	0.173	0.153	0.210	0.164	0.161
2009	0.253	0.238	0.260	0.235	0.236
2010	0.387	0.353	0.401	0.364	0.372
2011	0.467	0.487	0.605	0.540	0.533
2012	0.582	0.546	0.687	0.618	0.614
2013	0.644	0.605	0.707	0.659	0.659
2014	0.732	0.654	0.779	0.723	0.726
2015	0.830	0.725	0.878	0.810	0.814
2016	0.872	0.884	0.934	0.935	0.936
2017	0.884	0.935	0.978	0.982	0.982

5.3.4　环境-经济-社会复合生态系统综合效益指数分析

　　三峡库区各区域环境-经济-社会复合生态系统综合效益指数测算结果如表 5-14 所示。三峡库区环境-经济-社会复合生态系统综合效益指数总体保持稳定的增长趋势，由 2005 年的 0.256 上升至 2017 年的 0.817，年均增长率为 10.2%，说明库区整体生态系统稳步向前发展。具体来看，库首地区的环境-经济-社会复合生态系统综合效益指数从 2005 年的 0.414 上升至 2017 年的 0.695，年均增长率为 4.4%；库腹地区的环境-经济-社会复合生态系统综合效益指数从 2005 年的 0.272 上升至 2017 年的 0.738，年均增长率为 8.7%；库尾地区的环境-经济-社会复合生态系统综合效益指数从 2005 年的 0.210 上升至 2017 年的 0.895，年均增长率为 12.8%，是三个区域中增长幅度最大的地区。

　　可以发现，库首地区的环境-经济-社会复合生态系统综合效益指数在 2005～2009 年一直处于库区中最高水平，但是之后库腹、库尾地区发展水平持续上升，库首地区则出现下降，导致在 2010 年，库腹、库尾地区实现反超，库尾地区完成环境-经济-社会复合生态系统由最弱地位到最强地位的蜕变。但是，湖北库区与重庆库区之间环境-经济-社会复合生态系统综合效益指数的差额却在不断缩小，从 2005 年的 -0.171 减小到 2017 年的 0.137。库首地区也将绿色发展作为发展纲领，在发展经济的同时不断注重保护和改善环境子系统，最终推动了环境-经济-社会复合生态系统的发展。

表 5-14　2005～2017 年三峡库区各区域环境-经济-社会复合生态系统综合效益指数

年份	库首地区（湖北库区）	库腹地区	库尾地区	重庆库区	三峡库区
2005	0.414	0.272	0.210	0.243	0.256
2006	0.390	0.309	0.197	0.248	0.246
2007	0.398	0.325	0.269	0.295	0.287
2008	0.427	0.307	0.263	0.260	0.263
2009	0.355	0.333	0.290	0.296	0.288
2010	0.415	0.434	0.446	0.429	0.419
2011	0.356	0.394	0.615	0.498	0.467
2012	0.412	0.429	0.671	0.552	0.520
2013	0.438	0.466	0.705	0.590	0.563
2014	0.471	0.494	0.739	0.632	0.607

续表

年份	库首地区 (湖北库区)	库腹地区	库尾地区	重庆库区	三峡库区
2015	0.556	0.547	0.813	0.695	0.674
2016	0.680	0.701	0.853	0.791	0.774
2017	0.695	0.738	0.895	0.832	0.817

5.4 三峡库区复合生态系统耦合协调度分析

依旧采用前文中介绍的耦合协调度模型测度三峡库区各区域环境-经济系统、环境-社会系统、经济-社会系统及环境-经济-社会复合生态系统耦合协调度并进行相应分类。

5.4.1 环境-经济系统耦合协调度分析

由表 5-15 可知，2005～2017 年三峡库区环境-经济系统耦合协调度呈增长态势，三峡库区环境、经济子系统间的耦合协调程度有了较大提升，环境-经济系统耦合协调度由 2005 年的 0.101 逐年上升至 2017 年的 0.684，协调类型实现了"严重失调衰退—中度失调衰退—轻度失调衰退—濒临失调衰退—勉强协调—初级协调"的逐步升级，表明在经历粗放型发展后，经过产业结构的调整、发展方式的优化转变等措施，现阶段三峡库区经济发展保持在生态环境承载力之内，有效地促进了二者协调发展。

就区域而言，2005～2008 年湖北库区环境-经济系统耦合协调度高于重庆库区，但总体差距甚小。自 2009 年开始，重庆库区其耦合协调度持续高于湖北库区，且差距较大。例如 2011～2014 年，湖北库区一直处于轻度失调衰退阶段，而重庆库区已由濒临失调衰退阶段升级至勉强协调阶段；2015 年，湖北库区进入濒临失调衰退阶段时，重庆库区已进入初级协调阶段，高出湖北库区 2 个梯度；到 2017 年时，两地差异缩小，都进入初级协调阶段，表明其基本实现了环境与经济的协调发展。就库腹及库尾地区而言，2005～2010 年两区域差异不大，协调类型都经历了"严重失调衰退—中度失调衰退—轻度失调衰退—濒临失调衰退"的升级，而 2011 年库腹地区耦合协调度下降了 0.077，耦合协调类型出现倒退。与此相对应的是,库尾地区耦合协调度持续上升,耦合协调类型持续升级,至2015年,库尾地区进入中级协调阶段,且至2017年耦合协调度仍继续上升,表明库尾地区更深刻地践行了生态优先、绿色发展理念,形成了示范带动作用。

表5-15 2005~2017年三峡库区各区域环境-经济系统耦合协调度及耦合协调类型

年份	项目	库首地区（湖北库区）	库腹地区	库尾地区	重庆库区	三峡库区
2005	耦合协调度	0.174	0.103	0.106	0.098	0.101
	耦合协调类型	严重失调衰退	严重失调衰退	严重失调衰退	极度失调衰退	严重失调衰退
2006	耦合协调度	0.272	0.277	0.246	0.266	0.262
	耦合协调类型	中度失调衰退	中度失调衰退	中度失调衰退	中度失调衰退	中度失调衰退
2007	耦合协调度	0.341	0.321	0.344	0.337	0.328
	耦合协调类型	轻度失调衰退	轻度失调衰退	轻度失调衰退	轻度失调衰退	轻度失调衰退
2008	耦合协调度	0.375	0.343	0.353	0.335	0.333
	耦合协调类型	轻度失调衰退	轻度失调衰退	轻度失调衰退	轻度失调衰退	轻度失调衰退
2009	耦合协调度	0.357	0.389	0.385	0.383	0.369
	耦合协调类型	轻度失调衰退	轻度失调衰退	轻度失调衰退	轻度失调衰退	轻度失调衰退
2010	耦合协调度	0.408	0.462	0.466	0.472	0.458
	耦合协调类型	濒临失调衰退	濒临失调衰退	濒临失调衰退	濒临失调衰退	濒临失调衰退
2011	耦合协调度	0.333	0.385	0.584	0.498	0.467
	耦合协调类型	轻度失调衰退	轻度失调衰退	勉强协调	濒临失调衰退	濒临失调衰退
2012	耦合协调度	0.349	0.415	0.623	0.537	0.503
	耦合协调类型	轻度失调衰退	濒临失调衰退	初级协调	勉强协调	勉强协调
2013	耦合协调度	0.356	0.438	0.642	0.560	0.532
	耦合协调类型	轻度失调衰退	濒临失调衰退	初级协调	勉强协调	勉强协调
2014	耦合协调度	0.332	0.460	0.664	0.591	0.563
	耦合协调类型	轻度失调衰退	濒临失调衰退	初级协调	勉强协调	勉强协调
2015	耦合协调度	0.423	0.502	0.704	0.629	0.606
	耦合协调类型	濒临失调衰退	勉强协调	中级协调	初级协调	初级协调
2016	耦合协调度	0.586	0.600	0.727	0.670	0.653
	耦合协调类型	勉强协调	初级协调	中级协调	初级协调	初级协调
2017	耦合协调度	0.602	0.626	0.755	0.698	0.684
	耦合协调类型	初级协调	初级协调	中级协调	初级协调	初级协调

5.4.2　环境-社会系统耦合协调度分析

由表 5-16 可知,与环境-经济系统耦合状况类似,2005~2017 年三峡库区环境-社会系统耦合协调度呈增长态势,三峡库区环境、社会子系统间的耦合协调程度有了较大提升,环境-社会系统耦合协调度由 2005 年的 0.101 上升至 2017 年的 0.682,耦合协调类型实现了"严重失调衰退—中度失调衰退—轻度失调衰退—濒临失调衰退—勉强协调—初级协调"的逐步升级,表明三峡库区社会发展对生态环境的影响尚在其承载范围内,现阶段二者基本能实现协调发展。

就区域而言,2005~2010 年湖北库区环境-社会系统耦合协调度高于重庆库区,表明该阶段湖北库区的社会发展对生态环境的破坏相对较小,环境子系统及社会子系统协调程度优于重庆库区;2011~2017 年反之,即重庆库区耦合协调度高于湖北库区,且重庆库区逐步实现了从濒临失调衰退到初级协调的升级,但湖北库区耦合协调度出现倒退。2010~2011 年,湖北库区耦合协调度由 0.468 下降至 0.361,耦合协调类型由濒临失调衰退倒退至轻度失调衰退,即使在 2012~2017 年情况有所改善,但与重庆库区相比仍有较大差距。就库腹及库尾地区而言,2011 年之前两区差异甚小,但在 2011~2017 年,库尾地区环境-社会系统耦合协调度远高于库腹地区。如 2011 年,库腹地区环境-社会系统耦合协调度为 0.393,耦合协调类型为轻度失调衰退;库尾地区耦合协调度为 0.588,耦合协调类型为勉强协调,高出库腹地区 2 个梯度。2015 年,库腹地区耦合协调度为 0.448,耦合协调类型为濒临失调衰退,库尾地区耦合协调度为 0.711,已进入中级协调阶段,高出库腹地区 3 个梯度,表明库尾地区环境-社会系统的协调程度远优于库腹地区。

表 5-16　2005~2017 年三峡库区各区域环境-社会系统耦合协调度及耦合协调类型

年份	项目	库首地区（湖北库区）	库腹地区	库尾地区	重庆库区	三峡库区
2005	耦合协调度	0.403	0.162	0.206	0.138	0.101
	耦合协调类型	濒临失调衰退	严重失调衰退	中度失调衰退	严重失调衰退	严重失调衰退
2006	耦合协调度	0.419	0.298	0.212	0.237	0.237
	耦合协调类型	濒临失调衰退	中度失调衰退	中度失调衰退	中度失调衰退	中度失调衰退
2007	耦合协调度	0.432	0.315	0.278	0.288	0.287
	耦合协调类型	濒临失调衰退	轻度失调衰退	中度失调衰退	中度失调衰退	中度失调衰退
2008	耦合协调度	0.474	0.347	0.271	0.284	0.292
	耦合协调类型	濒临失调衰退	轻度失调衰退	中度失调衰退	中度失调衰退	中度失调衰退
2009	耦合协调度	0.429	0.364	0.279	0.300	0.302
	耦合协调类型	濒临失调衰退	轻度失调衰退	中度失调衰退	轻度失调衰退	轻度失调衰退

续表

年份	项目	库首地区（湖北库区）	库腹地区	库尾地区	重庆库区	三峡库区
2010	耦合协调度	0.468	0.456	0.466	0.437	0.431
	耦合协调类型	濒临失调衰退	濒临失调衰退	濒临失调衰退	濒临失调衰退	濒临失调衰退
2011	耦合协调度	0.361	0.393	0.588	0.481	0.449
	耦合协调类型	轻度失调衰退	轻度失调衰退	勉强协调	濒临失调衰退	濒临失调衰退
2012	耦合协调度	0.373	0.401	0.618	0.510	0.478
	耦合协调类型	轻度失调衰退	濒临失调衰退	初级协调	勉强协调	濒临失调衰退
2013	耦合协调度	0.357	0.417	0.650	0.541	0.513
	耦合协调类型	轻度失调衰退	濒临失调衰退	初级协调	勉强协调	勉强协调
2014	耦合协调度	0.330	0.420	0.661	0.559	0.531
	耦合协调类型	轻度失调衰退	濒临失调衰退	初级协调	勉强协调	勉强协调
2015	耦合协调度	0.405	0.448	0.711	0.596	0.572
	耦合协调类型	濒临失调衰退	濒临失调衰退	中级协调	勉强协调	勉强协调
2016	耦合协调度	0.560	0.586	0.734	0.672	0.653
	耦合协调类型	勉强协调	勉强协调	中级协调	初级协调	初级协调
2017	耦合协调度	0.571	0.604	0.760	0.697	0.682
	耦合协调类型	勉强协调	初级协调	中级协调	初级协调	初级协调

5.4.3 经济-社会系统耦合协调度分析

由表 5-17 可知，2005～2017 年三峡库区经济-社会系统耦合协调度呈快速增长态势，三峡库区经济、社会子系统间的耦合协调程度有了较大提升，经济-社会系统耦合协调度由 2005 年的 0.005 上升至 2017 年的 0.829，耦合协调类型实现了"极度失调衰退—严重失调衰退—中度失调衰退—轻度失调衰退—勉强协调—初级协调—中级协调—良好协调"的逐步升级，表明库区经济-社会系统耦合协调状况发生了明显飞跃，基本实现了经济、社会的同步发展。

就区域而言，2005～2010 年，湖北库区经济-社会系统耦合协调度高于重庆库区，该阶段湖北库区经济子系统及社会子系统协调程度优于重庆库区；2011～2017 年，两区域耦合协调状况波动较大，其中 2014～2015 年重庆库区耦合协调度低于湖北库区，但其余年份均为重庆库区高于湖北库区，且 2017 年重庆库区经济-社会系统进入良好协调阶段，高出湖北库区 1 个梯度，表明重庆库区在经历前期非均衡发展后逐步实现了经济与社会的同步发展。就库腹及库尾地区而言，库尾地区经济-社会耦合协调度始终高于库腹地区,库腹及库尾地区逐渐由极度失调衰退阶段分别升级至中级协调阶段及良好协调阶段,库尾地区经济-社会系统的协调程度略优于库腹地区。

表 5-17   2005～2017 年三峡库区各区域经济-社会系统耦合协调度及耦合协调类型

年份	项目	库首地区（湖北库区）	库腹地区	库尾地区	重庆库区	三峡库区
2005	耦合协调度	0.058	0.010	0.025	0.008	0.005
	耦合协调类型	极度失调衰退	极度失调衰退	极度失调衰退	极度失调衰退	极度失调衰退
2006	耦合协调度	0.119	0.092	0.101	0.089	0.087
	耦合协调类型	严重失调衰退	极度失调衰退	严重失调衰退	极度失调衰退	极度失调衰退
2007	耦合协调度	0.170	0.121	0.188	0.141	0.141
	耦合协调类型	严重失调衰退	严重失调衰退	严重失调衰退	严重失调衰退	严重失调衰退
2008	耦合协调度	0.217	0.206	0.251	0.213	0.211
	耦合协调类型	中度失调衰退	中度失调衰退	中度失调衰退	中度失调衰退	中度失调衰退
2009	耦合协调度	0.294	0.286	0.291	0.275	0.278
	耦合协调类型	中度失调衰退	中度失调衰退	中度失调衰退	中度失调衰退	中度失调衰退
2010	耦合协调度	0.409	0.385	0.423	0.393	0.399
	耦合协调类型	濒临失调衰退	轻度失调衰退	濒临失调衰退	轻度失调衰退	轻度失调衰退
2011	耦合协调度	0.474	0.490	0.576	0.529	0.524
	耦合协调类型	濒临失调衰退	濒临失调衰退	勉强协调	勉强协调	勉强协调
2012	耦合协调度	0.560	0.534	0.635	0.585	0.583
	耦合协调类型	勉强协调	勉强协调	初级协调	勉强协调	勉强协调
2013	耦合协调度	0.604	0.576	0.648	0.614	0.615
	耦合协调类型	初级协调	勉强协调	初级协调	初级协调	初级协调
2014	耦合协调度	0.665	0.610	0.697	0.658	0.660
	耦合协调类型	初级协调	初级协调	初级协调	初级协调	初级协调
2015	耦合协调度	0.731	0.658	0.763	0.717	0.720
	耦合协调类型	中级协调	初级协调	中级协调	中级协调	中级协调
2016	耦合协调度	0.758	0.766	0.799	0.799	0.800
	耦合协调类型	中级协调	中级协调	中级协调	中级协调	良好协调
2017	耦合协调度	0.766	0.799	0.827	0.829	0.829
	耦合协调类型	中级协调	中级协调	良好协调	良好协调	良好协调

5.4.4　环境-经济-社会复合生态系统耦合协调度分析

由表 5-18 可知，三峡库区环境-经济-社会复合生态系统耦合协调度呈增长态势，三峡库区环境-经济-社会系统的耦合协调程度有了较大提升，各子系统之间逐渐呈现出良性循环、和谐一致的关系，三峡库区在追求经济社会发展的同时，逐渐关注生态环境保护，耦合协调度由 2005 年的 0.052 上升至 2017 年的 0.679，耦合协调类型实现了"极度失调衰退—严重失调衰退—中度失调衰退—濒临失调衰退—勉强协调—初级协调"的升级。但是三峡库区环境-经济-社会复合生态系统耦合协调度同耦合度一样，耦合协调状况尚未发生明显飞跃，至 2017 年仅刚刚达到初级协调水平，距离中级协调水平尚有较远距离，表明库区环境、经济、社会子系统间的耦合协调状况仍是一种较低水平的协调，环境子系统仍然承受着较大的经济、社会发展压力。

在重庆库区与湖北库区的环境-经济-社会复合生态系统耦合协调度的对比分析中可以发现，2005～2009 年重庆库区的耦合协调度均低于湖北库区，而 2010～2017 年，重庆库区高于湖北库区。2005 年，湖北库区与重庆库区同处于极度失调衰退阶段，而湖北库区于 2006 年进入中度失调衰退阶段，重庆库区则晚一年进入中度失调衰退阶段；到 2009 年，湖北库区处于轻度失调衰退阶段，而重庆库区仍处于中度失调衰退阶段，低出湖北库区 1 个梯度。自 2010 年开始，重庆库区开始赶超湖北库区，重庆库区于 2012 年进入勉强协调阶段，2015 年开始进入初级协调阶段，而 2012 年湖北库区处于濒临失调衰退阶段，低出重庆库区 1 个梯度，且 2015 年才进入勉强协调阶段。尽管湖北库区于 2016 年进入初级协调阶段，但其耦合协调度与重庆库区相比仍有一定差距。值得一提的是，湖北库区耦合协调度于 2011 年出现倒退，耦合协调类型由濒临失调衰退变为轻度失调衰退，说明湖北库区环境、经济、社会子系统间的耦合协调发展程度具有脆弱性的特征，在任何不利的外力冲击下，其环境、经济、社会子系统的耦合协调性极有可能倒退，以牺牲环境为代价追求经济、社会发展尤其是经济增长，以及大幅增加投资传统制造业的发展方式有待进一步转型升级。相对而言，重庆库区经济基础雄厚，社会发展水平较高，一方面有充足的资金支持生态环境工作以提升生态环境质量，另一方面抵御经济波动的能力也较强，政策的稳定性要高于湖北库区，促使其环境、经济、社会子系统间的后期协调性优于湖北库区。

库腹和库尾地区，尤其是库尾地区是维持三峡库区环境-经济-社会复合生态系统耦合协调性的稳定器。库尾地区耦合协调状态较为乐观，截至 2017 年，实现了"极度失调衰退—严重失调衰退—中度失调衰退—濒临失调衰退—勉强协调—初级协调—中级协调"的升级，说明库尾地区在追求经济增长、社会发展的同时，充分考虑对环境系统的保护，不断降低工业废水排放总量和人均排放量。库尾地区的工业废水排放量由 2005 年的 3.75 亿 t 降低到 2017 年的 0.51 亿 t，人均工业废水排放量也由 2005 年的 44.26t 降低到 2017 年的 4.67t，极大地减少了向库区生态环境排放的有毒物质。因工业废水中往往含有剧毒化学物质，库尾地区在很大程度上减轻了三峡库区的环境负担，有利于三峡库区环境-经济-社会复合生态系统实现协调发展。库腹地区环境-经济-社会复合生态系统的耦合协调度虽然于2009 年高于库尾地区，但并未有明显差距，且从 2010 年及之后，库尾地区耦合协调度皆高于库腹地区，表明库腹地区处在工业化中期，没有足够的精力去注重生态环境系统的保护和发展，常常会陷入环境保护与经济社会发展的两难困境：一方面，基于生态文明建设的需要，发展生态农业、生态工业和生态旅游业；另一方面，加快经济社会发展速度的动机使其倾向于发展在短期内能见成效的传统制造业，如建筑业、纺织业、机电制造、化工医药等资源环境消耗大的产业，使得库腹地区环境-经济-社会复合生态系统的耦合协调状况难以实现质的飞跃。

表5-18　2005～2017 年三峡库区各区域环境-经济-社会复合生态系统耦合协调度及
耦合协调类型

年份	项目	库首地区（湖北库区）	库腹地区	库尾地区	重庆库区	三峡库区
2005	耦合协调度	0.080	0.071	0.085	0.061	0.052
	耦合协调类型	极度失调衰退	极度失调衰退	极度失调衰退	极度失调衰退	极度失调衰退
2006	耦合协调度	0.224	0.204	0.167	0.178	0.176
	耦合协调类型	中度失调衰退	中度失调衰退	严重失调衰退	严重失调衰退	严重失调衰退
2007	耦合协调度	0.274	0.234	0.249	0.236	0.233
	耦合协调类型	中度失调衰退	中度失调衰退	中度失调衰退	中度失调衰退	中度失调衰退
2008	耦合协调度	0.328	0.277	0.270	0.256	0.257
	耦合协调类型	轻度失调衰退	中度失调衰退	中度失调衰退	中度失调衰退	中度失调衰退
2009	耦合协调度	0.325	0.323	0.297	0.297	0.294
	耦合协调类型	轻度失调衰退	轻度失调衰退	中度失调衰退	中度失调衰退	中度失调衰退
2010	耦合协调度	0.401	0.408	0.423	0.407	0.402
	耦合协调类型	濒临失调衰退	濒临失调衰退	濒临失调衰退	濒临失调衰退	濒临失调衰退
2011	耦合协调度	0.396	0.386	0.548	0.468	0.445
	耦合协调类型	轻度失调衰退	轻度失调衰退	勉强协调	濒临失调衰退	濒临失调衰退
2012	耦合协调度	0.438	0.412	0.588	0.507	0.483
	耦合协调类型	濒临失调衰退	濒临失调衰退	勉强协调	勉强协调	濒临失调衰退

续表

年份	项目	库首地区 （湖北库区）	库腹地区	库尾地区	重庆库区	三峡库区
2013	耦合协调度	0.460	0.437	0.609	0.533	0.514
	耦合协调类型	濒临失调衰退	濒临失调衰退	初级协调	勉强协调	勉强协调
2014	耦合协调度	0.485	0.455	0.633	0.562	0.543
	耦合协调类型	濒临失调衰退	濒临失调衰退	初级协调	勉强协调	勉强协调
2015	耦合协调度	0.539	0.493	0.680	0.603	0.587
	耦合协调类型	勉强协调	濒临失调衰退	初级协调	初级协调	勉强协调
2016	耦合协调度	0.615	0.600	0.705	0.663	0.650
	耦合协调类型	初级协调	初级协调	初级协调	初级协调	初级协调
2017	耦合协调度	0.630	0.624	0.731	0.689	0.679
	耦合协调类型	初级协调	初级协调	中级协调	初级协调	初级协调

5.5 本 章 小 结

　　本章主要是基于上一章的工具介绍，对 2005～2017 年三峡库区各区域环境-经济系统、环境-社会系统、经济-社会系统及环境-经济-社会复合生态系统的耦合协调性进行了测度分析。首先，采用改进后的熵值法确定了三峡库区环境-经济-社会复合生态系统耦合协调评价指标体系的各指标权重；其次，随后测度并分析了三峡库区各区域环境-经济-社会系统的效益指数和三峡库区各区域环境-经济系统、环境-社会系统、经济-社会系统及环境-经济-社会复合生态系统的耦合度、综合效益指数、耦合协调度。发现三峡库区各指标整体上均呈上升趋势，三峡库区环境-经济-社会系统的耦合协调性不断增强，耦合协调阶段不断升级，其中经济-社会系统耦合协调度最高，至 2017 年已进入良好协调阶段，而环境-经济-社会复合生态系统已由起初的失调衰退区间进入协调发展区间，但是这种协调水平仍然较低。同时，各区域耦合协调性分异明显。现阶段，重庆库区高于湖北库区，库尾地区高于库腹及库首地区，耦合协调性呈明显的阶梯状分布。库首及库腹地区的耦合协调性较低主要是由其粗放的经济发展模式致使环境子系统的快速退化导致的，而非经济-社会系统发展水平较低所致。

6

三峡库区复合生态系统
耦合协调发展预测

在上两章中，本书构建了三峡库区环境-经济-社会复合生态系统耦合协调评价指标体系并对其耦合协调发展情况进行了评价分析。本章将沿着前文的研究结果，采用对数据容量要求较小的灰色预测模型 GM（1,1）对今后一段时期三峡库区环境-经济-社会复合生态系统的耦合协调情况进行预测分析，以期为应对三峡库区环境-经济-社会复合生态系统发展变化提供决策依据。

6.1　灰色预测模型 GM（1,1）预测方法

灰色系统理论由华中理工大学（2000 年更名为华中科技大学）邓聚龙教授提出并加以发展。灰色系统理论以不确定性的"部分信息已知、部分信息未知"的"小样本""贫信息"系统为研究对象，用灰色数学来处理不确定量，充分利用已知信息探究系统的运动规律，解决系统信息赤贫稀少等数据不足难题。灰色预测模型较传统的序列预测方法，如时间序列分析和多元线性回归分析而言，只需较少的样本容量，建模信息少、运算简便、模型精度较高；回归分析往往需要大量的数据，如果样本较小、数据较少，极易使估计结果无效，而研究对象往往所披露的信息就是较少，无法采用对数据要求较高的回归分析。因此，灰色预测模型在许多领域，如灰色时间序列预测、畸变预测、波形预测和系统预测等，有着广泛的应用，是处理"小样本"预测问题的有效工具，当然也是基于十年数据预测三峡库区环境-经济-社会复合生态系统耦合协调情况的有效工具。本书选用的灰色预测模型是应用最为广泛的灰色预测模型 GM（1,1），下面将对该模型作基本介绍，

为下文对三峡库区环境–经济–社会复合生态系统耦合协调度的预测理清大体步骤。

灰色预测模型 GM（1,1）包括模型设定和模型检验，尤其在构建灰色预测模型 GM（1,1）时需要注意以下几点：一是原始序列 $X^{(0)}$ 中的数据不一定要全部用来建模，对原始数据的取舍不同，可得模型不同，即 a 和 b 不同。为减小误差，本书选取 2013～2017 年数据进行预测。二是数据取舍应保证建模序列等时距、相连，不得有跳跃现象出现。三是一般建模数据序列应当由最新的数据及其相邻数据构成，当再出现新数据时，可采用两种方法处理，即要么将新信息加入原始序列中，重估参数，要么去掉原始序列中时间最早的一个数据，再加上最新的数据，所形成的序列和原序列维数相等，再重估参数 a 和 b（何明芳，2012）。具体的灰色预测模型 GM（1,1）方法阐述如下。

6.1.1　GM（1,1）模型设定

令 $X^{(0)}$ 为 GM（1,1）的原始序列，$X^{(0)} = \left[x^{(0)}(1), x^{(0)}(2), \cdots, x^{(0)}(n) \right]$，其中（0）表示原始序列，$n$ 表示序列的数据个数。

$X^{(1)}$ 为 $X^{(0)}$ 的 1–AGO（accumulated generating operation，累加生成数）序列，$X^{(1)} = \left[x^{(1)}(1), x^{(1)}(2), \cdots, x^{(1)}(n) \right]$，$x^{(1)}(k) = \sum_{i=1}^{k} x^{(0)}(i)$，$(k = 1, 2, \cdots, n)$，其中（1）表示一次累加生成序列，$n$ 表示序列的数据个数。

令 $Z^{(1)}$ 为 $X^{(1)}$ 的紧邻均值（mean）生成序列：

$$Z^{(1)} = \left[z^{(1)}(1), z^{(1)}(2), \cdots, z^{(1)}(n) \right]$$

$$z^{(1)}(k) = 0.5 x^{(1)}(k) + 0.5 x^{(1)}(k-1)$$

则 GM（1,1）的定义型，即 GM（1,1）的灰微分方程模型为

$$x^{(0)}(k) + a z^{(1)}(k) = b \tag{6-1}$$

式（6-1）中，a 称为发展系数，b 为灰色作用量。设 $\hat{\alpha}$ 为待估参数向量，即 $\hat{\alpha} = (a, b)^{\mathrm{T}}$，则灰微分方程的最小二乘估计参数列满足：

$$\hat{\alpha} = (B^{\mathrm{T}} B)^{-1} B^{\mathrm{T}} Y_n \tag{6-2}$$

其中：

$$B = \begin{bmatrix} -z^{(1)}(2) & 1 \\ -z^{(1)}(3) & 1 \\ \vdots & \vdots \\ -z^{(1)}(n) & 1 \end{bmatrix}, \qquad Y_n = \begin{bmatrix} x^{(0)}(2) \\ x^{(0)}(3) \\ \vdots \\ x^{(0)}(n) \end{bmatrix}$$

称 $\dfrac{\mathrm{d}x^{(1)}}{\mathrm{d}t}+ax^{(1)}=b$ 为灰色微分方程 $x^{(0)}(k)+az^{(1)}(k)=b$ 的白化方程,也叫影子方程。

灰色预测模型 GM(1,1)符号含义:GM 即灰色模型(grey model),前一个 1 表示灰微分方差阶数为 1,后一个 1 表示仅有一个灰变量 x。

如上所述,得出以下公式。

①白化方程 $\dfrac{\mathrm{d}x^{(1)}}{\mathrm{d}t}+ax^{(1)}=b$ 的解,也称时间响应函数为

$$\hat{x}^{(1)}(t)=\left(x^{(1)}(0)-\frac{b}{a}\right)\mathrm{e}^{-at}+\frac{b}{a} \tag{6-3}$$

②GM(1,1)灰色微分方程 $x^{(0)}(k)+az^{(1)}(k)=b$ 的时间响应序列为

$$\hat{x}^{(1)}(k+1)=\left(x^{(1)}(0)-\frac{b}{a}\right)\mathrm{e}^{-ak}+\frac{b}{a},(k=1,2,\cdots,n) \tag{6-4}$$

③取 $x^{(1)}(0)=x^{(0)}(1)$,得

$$\hat{x}^{(1)}(k+1)=\left(x^{(0)}(1)-\frac{b}{a}\right)\mathrm{e}^{-ak}+\frac{b}{a},(k=1,2,\cdots,n) \tag{6-5}$$

④还原值为

$$\hat{x}^{(0)}(k+1)=\hat{x}^{(1)}(k+1)-\hat{x}^{(1)}(k)=\left(x^{(0)}(1)-\frac{b}{a}\right)(1-\mathrm{e}^{a})\mathrm{e}^{-ak} \tag{6-6}$$

式(6-6)即为预测方程。

6.1.2 GM(1,1)模型检验

对 GM(1,1)模型的检验主要分为三个方面:残差检验、关联度检验和后验差检验。

1. 残差检验

残差检验,即对模型拟合值和实际值的残差逐点进行检验。首先按估计模型计算原序列拟合值 $\hat{x}^{(1)}(i+1)$,将 $\hat{x}^{(1)}(i+1)$ 累减生成 $\hat{x}^{(0)}(i)$,最后计算原始序列 $x^{(0)}(i)$ 与 $\hat{x}^{(0)}(i)$ 的绝对残差序列与相对残差序列。

绝对残差序列:

$$\Delta^{(0)}=\{\Delta^{(0)}(i),i=1,2,\cdots,n\}, \quad \Delta^{(0)}(i)=\left|x^{(0)}(i)-\hat{x}^{(0)}(i)\right| \tag{6-7}$$

相对残差序列:

$$f=\{f_i,i=1,2,\cdots,n\}, \quad f_i=\left[\frac{\Delta^{(0)}(i)}{x^{(0)}(i)}\times100\right]\% \tag{6-8}$$

并计算平均相对残差:

$$\overline{f}=\frac{1}{n}\sum_{i=1}^{n}f_i \tag{6-9}$$

给定 a,当 $\overline{f}<a$,且 $f_n<a$ 成立时,称模型为残差合格模型。

2. 关联度检验

关联度检验,即通过考察模型拟合值曲线和建模原序列曲线的相似程度进行检验。按下面给出的关联度计算方法,先计算出 $\hat{x}^{(0)}(i)$ 与原始序列 $x^{(0)}(i)$ 的关联系数,然后算出关联度。根据经验,关联度大于 0.6 便是满意的。

先求得各点的关联系数:

$$\eta(k)=\frac{\min_{1\leqslant i\leqslant n}\left|x^{(0)}(i)-x^{(1)}(i)\right|+P\times\max_{1\leqslant i\leqslant n}\left|x^{(0)}(i)-x^{(1)}(i)\right|}{\left|x^{(0)}(k)-x^{(1)}(k)\right|+P\times\max_{1\leqslant i\leqslant n}\left|x^{(0)}(i)-x^{(1)}(i)\right|} \quad (i=1,2,\cdots,n;k=1,2,\cdots,n;P=0.5) \tag{6-10}$$

再求出拟合值序列与建模值原序列的关联度:

$$r=\frac{1}{n}\sum_{k=1}^{n}\eta(k) \tag{6-11}$$

3. 后验差检验

后验差检验,即对残差分布的统计特性进行检验。

第一步,计算出原始序列的平均值:

$$\overline{x}^{(0)}=\frac{1}{n}\sum_{i=1}^{n}x^{(0)}(i) \tag{6-12}$$

第二步,计算原始序列 $X^{(0)}$ 的均方差:

$$S_1 = \left(\frac{\sum_{i=1}^{n} (x^{(0)}(i) - \overline{x}^{(0)})^2}{n-1} \right)^{1/2} \tag{6-13}$$

第三步，计算残差的均值：

$$\overline{\varDelta} = \frac{1}{n} \sum_{i=1}^{n} \varDelta^{(0)}(i) \tag{6-14}$$

第四步，计算残差的均方差：

$$S_2 = \left(\frac{\sum_{i=0}^{n} (\varDelta^{(0)}(k) - \overline{\varDelta})^2}{n-1} \right)^{1/2} \tag{6-15}$$

第五步，计算方差比 C：

$$C = \frac{S_2}{S_1} \tag{6-16}$$

第六步，计算小残差概率：

$$P = P\left\{ \left| \varDelta^{(0)}(i) - \overline{\varDelta} \right| < 0.6745 S_1 \right\} \tag{6-17}$$

令 $S_0 = 0.6745 S_1$，$e_i = \left| \varDelta^{(0)}(i) - \overline{\varDelta} \right|$，即 $P = P\{e_i < S_0\}$。

若给定的 $C_0 > 0$，当 $C < C_0$ 时，称模型为均方差比合格模型；如给定的 $P_0 > 0$，当 $P > P_0$ 时，称模型为小残差概率合格模型（表6-1）。

表 6-1 后验差检验判别参照表

P	C	模型精度
>0.95	<0.35	优
>0.80	<0.50	合格
>0.70	<0.65	勉强合格
<0.70	>0.65	不合格

若相对残差、关联度、后验差检验结果均在允许的范围内，则可以用所建的模型进行预测，否则应进行残差修正。

6.2　三峡库区复合生态系统耦合协调度预测

本节将利用上一节介绍的灰色预测模型 GM（1,1），基于上一章所测度的 2013～2017 年三峡库区各区域环境-经济-社会复合生态系统耦合协调度，估计出三峡库区各区域环境-经济-社会复合生态系统耦合协调度，并对模型进行相应检验，采用通过检验的灰色预测模型 GM（1,1）对 2018～2021 年三峡库区各区域环境-经济-社会复合生态系统耦合协调度进行预测分析。

6.2.1　三峡库区复合生态系统耦合协调度模型估计

当前已经出现了较为先进的专业软件来帮助研究人员计算灰色预测模型 GM（1,1）的参数 a 和 b，使得研究人员省却了许多繁杂的计算过程。上文求解参数 a 和 b 的步骤在专业软件出现之前还是经常使用的，读者如果有兴趣，可尝试按照 6.1 节给出的计算方法求解参数 a 和 b。本书直接利用灰色系统理论建模软件 GTM3.0 求解三峡库区各区域环境-经济-社会复合生态系统耦合协调度灰色预测模型 GM（1,1）的参数 a 和 b 及相应的估计模型。结果如表 6-2 所示。

表 6-2　三峡库区各区域复合生态系统耦合协调度灰色预测模型参数估计

区域	$x^{(0)}(1)$	a	b	$(X^{(0)}(1)-\dfrac{b}{a})(1-e^{a})$	$x^{(0)}(k+1)$
库首地区	0.460	−0.089	0.431	0.451 548 090	$0.451\ 548\ 09e^{0.088\ 690\ 67k}$
库腹地区	0.437	−0.112	0.381	0.406 741 391	$0.406\ 741\ 391e^{0.112\ 134\ 2k}$
库尾地区	0.609	−0.046	0.598	0.611 833 937	$0.611\ 833\ 937e^{0.046\ 116\ 05k}$
重庆库区	0.533	−0.070	0.508	0.526 661 801	$0.526\ 661\ 801e^{0.069\ 673\ 85k}$
三峡库区	0.514	−0.076	0.486	0.505 607 570	$0.505\ 607\ 57e^{0.076\ 144\ 62k}$

注：这里的 k=1,2,…,5，由于选取 2013～2017 年历史数据进行估计，故将 2013～2017 年对应的年份相应转换为 1～5 的阿拉伯数字，而非真实的年份

6.2.2　三峡库区复合生态系统耦合协调度模型检验

由于灰色系统理论建模软件 GTM3.0 并未给出关联度检验和后验差检验对应

的检验参数值，仅给出了残差检验的检验参数值（相对残差均值），无法综合判断三峡库区各区域环境-经济-社会复合生态系统耦合协调度灰色预测模型 GM（1,1）的可行性。因此，本书借用 Excel2010 软件手动计算未给出的检验参数值，整体结果如表 6-3 所示。

　　由表 6-3 可知，就残差检验而言，三峡库区整体及各区域相对残差均值全部都小于 5%，即各区域耦合协调度灰色预测模型 GM（1,1）均通过了残差检验；就关联度检验而言，除库尾地区拟合值序列与原始序列的关联度略低于 0.6 外，其余各区域关联度均大于 0.6，而库尾地区关联度 0.593 与 0.6 仅仅相差 0.007，与临界值 0.6 十分逼近，其差距几乎可以忽略不计，另外考虑到库尾地区其他两种检验的检验结果，本书认为可以视库尾地区也勉强通过了关联度检验，而不必过于苛刻追究关联度 0.6 的统计标准；就后验差检验而言，三峡库区各区域 C 值均低于 0.35，且小残差概率均高达 1，表明各区域灰色预测模型 GM（1,1）都显著通过了后验差检验，按后验差检验标准，各区域的灰色预测模型 GM（1,1）的拟合精度均为优等，拟合效果极好。因此，总体看来三峡库区各区域环境-经济-社会复合生态系统耦合协调度灰色预测模型 GM（1,1）拟合效果相当不错，基本都能通过各种模型检验，可以用来预测未来一定时期内三峡库区环境-经济-社会复合生态系统耦合协调度，预测精度较高，预测结果可信，可用来为三峡库区的政策制定提供一定的决策依据。

表 6-3　三峡库区各区域复合生态系统耦合协调度灰色预测模型检验参数

区域	相对残差均值/%	关联度	C 值	小残差概率	检验结果
库首地区	2.09	0.681	0.155	1	通过
库腹地区	2.60	0.680	0.168	1	通过
库尾地区	0.88	0.593	0.083	1	通过
重庆库区	1.01	0.686	0.091	1	通过
三峡库区	1.05	0.676	0.088	1	通过

注：相对残差均值的比较值 α 为 5%，即一般显著性水平

6.2.3　三峡库区复合生态系统耦合协调度预测

　　采用 6.1 节中构建的三峡库区环境-经济-社会复合生态系统耦合协调度灰色预测模型 GM（1,1），对 2018～2021 年三峡库区各区域环境-经济-社会复合生态系统耦合协调度进行预测估计，结果如表 6-4 所示。

由表 6-4 可知，2018～2021 年三峡库区各区域环境-经济-社会复合生态系统耦合协调情况基本延续的是 2005～2017 年的向好发展趋势，各区域耦合协调度不断上升，耦合协调类型不断升级。三峡库区整体环境-经济-社会复合生态系统耦合协调度将会由 2018 年 0.741 的预测值上升至 2021 年 0.931 的预测值，耦合协调类型将由中级协调过渡到高水平的优质协调，表明未来三峡库区环境-经济-社会复合生态系统将不断趋于健康协调，三峡库区生态环境将得到有效保护和发展，环境承载力将不断提升，产业结构将不断趋于绿色化、合理化和高级化，基本公共服务将逐步实现全覆盖和均等化，居民生活和服务水平将大大提升。当然，这种向好局面是三峡库区各区域共同努力作用的结果。

重庆库区复合生态系统耦合协调度略高于湖北库区。2018～2021 年，重庆库区耦合协调度将由 0.746 上升至 0.920，耦合协调类型由中级协调发展为优质协调，表明重庆库区环境-经济-社会复合生态系统由中级协调阶段逐渐进入优质协调阶段。同时，湖北库区耦合协调类型也将由中级协调升级为优质协调，耦合协调度由 2018 年 0.704 的预测值上升为 2021 年 0.919 的预测值。尽管湖北库区耦合协调度略低于重庆库区，但总体来看，其环境-经济-社会复合生态系统发展已经取得较大进步，并将在协调发展区间继续实现持续升级，相对于湖北库区脆弱的生态环境和欠发达的经济社会发展水平来说，已实属不易。

就重庆库区而言，2018～2019 年，库尾地区复合生态系统的耦合协调度要高于库腹地区，2019 年，库尾地区耦合协调阶段领先于库腹地区，但 2020～2021 年库尾地区复合生态系统的耦合协调度要低于库腹地区。2018～2019 年，库尾地区耦合协调度由 0.770 上升至 0.806，耦合协调类型由中级协调升级至良好协调，表明在该阶段，库尾地区的环境-经济-社会复合生态系统逐渐趋于高度发达，库尾地区环境、经济、社会子系统间处于一种良性循环、和谐一致、协调发展的状态，进一步实现环境十分优美、经济高度发达及社会全面发展的目标。同期，该阶段库腹地区耦合协调度虽然由 0.712 上升至 0.780，但一直处于中级协调阶段，尚未实现耦合协调类型的升级。2020～2021 年，库腹地区耦合协调度将由 0.891 上升至 0.997，上升幅度最大，且耦合协调度达到库区各区域最高值，耦合协调类型也将实现良好协调至优质协调的升级，说明库腹地区发展态势持续向好，尽管前两年发展趋势较缓，但后来居上，将成为实现生态优先、绿色发展的重点区域。根据预测，库尾地区 2020～2021 年耦合协调度将由 0.844 上升至 0.884，并维持在良好协调阶段，说明库尾地区后期在追求经济社会发展的同时仍会努力保护生态环境，维护三峡库区的生态安全，但环境、经济及社会协调发展力度小于库腹地区，尽管发展趋缓，但仍然是维护三峡库区这一片绿水青山的重要区域。

表 6-4　2018～2021 年三峡库区各区域环境-经济-社会复合生态系统耦合协调灰色预测

区域	项目	2018 年	2019 年	2020 年	2021 年
库首地区（湖北库区）	耦合协调度预测值	0.704	0.769	0.841	0.919
	耦合协调预测类型	中级协调	中级协调	良好协调	优质协调
库腹地区	耦合协调度预测值	0.712	0.780	0.891	0.997
	耦合协调预测类型	中级协调	中级协调	良好协调	优质协调
库尾地区	耦合协调度预测值	0.770	0.806	0.844	0.884
	耦合协调预测类型	中级协调	良好协调	良好协调	良好协调
重庆库区	耦合协调度预测值	0.746	0.800	0.858	0.920
	耦合协调预测类型	中级协调	良好协调	良好协调	优质协调
三峡库区	耦合协调度预测值	0.741	0.799	0.862	0.931
	耦合协调预测类型	中级协调	中级协调	良好协调	优质协调

资料来源：灰色系统理论建模软件 GTM3.0 运行结果

6.3　本章小结

本章主要对 2018～2021 年三峡库区环境-经济-社会复合生态系统的耦合协调度进行了较为科学的预测分析，以期为未来对三峡库区的政策制定提供决策依据。本章实属对上一章的补充分析，所以体量较小。首先，对本书采用的预测工具灰色预测模型 GM(1,1) 进行了基本介绍，主要包括模型设定和检验。其次，基于上一章测度的 2013～2017 年三峡库区各区域环境-经济-社会复合生态系统耦合协调度估计出三峡库区环境-经济-社会复合生态系统的灰色预测模型 GM(1,1)。结果显示，模型拟合效果较好，基本都通过了检验。最后，采用估计模型预测了 2018～2021 年三峡库区各区域环境-经济-社会复合生态系统的耦合协调度。结果发现，三峡库区环境-经济-社会复合生态系统的耦合协调性将呈现大幅增强态势，耦合协调阶段走向高级化，耦合协调类型发生质的飞跃。预测结果显示，到 2020 年，三峡库区各区域全部进入良好协调阶段，而到 2021 年，库首、库腹及三峡库区整体耦合协调类型都由中级协调阶段逐步发展到更高水平的优质协调阶段。可以预想，在更长的时间内，库区环境、经济、社会子系统间的耦合协调关系将逐步实现绿色化、健康化、和谐化，环境成为经济社会发展的自然基础，经济增长成为环境保护和社会发展的物质保障，社会发展成为环境保护和经济增长的最终目的。这与 2020 年全面建成小康社会的步伐和《三峡后续工作规划》中规定的完成移民安稳致富和生态环境保护等三峡工程后续扫尾工作期限惊人一致，可认为未来库区环境-经济-社会复合生态系统耦合协调情况是库区上下落实全面建成小康社会举措和《三峡后续工作规划》任务的结果。因此，高水平协调阶段绝对不是坐等来的，而是需要扎实地干出来。库区若不能顶住生态保护压力，抵制住传统产能过剩行业经济增长诱惑力，致力于实现社会的全面发展，那么本书预测的高水平耦合阶段也很难来临。

7

三峡库区复合生态系统
可持续发展的对策建议

　　前面六章介绍了研究三峡库区环境-经济-社会复合生态系统耦合协调状况的现实基础和理论基础,阐明了研究的理论意义和现实意义,概括了三峡库区环境、经济、社会子系统间的基本发展情况,建构了三峡库区环境-经济-社会复合生态系统耦合协调状况的评价指标体系,采用熵值法、耦合协调度模型等对 2005～2017 年三峡库区环境-经济-社会复合生态系统耦合协调情况进行了测度分析,并用灰色预测模型 GM（1,1）对 2018～2021 年三峡库区环境-经济-社会复合生态系统耦合协调进行了预测分析。本章将收敛全文,对全文的研究结果进行归纳总结,梳理出本书的主要研究结论,并有针对性地提出促进三峡库区环境-经济-社会复合生态系统协调发展的对策建议。

　　三峡库区属于流域内典型环境子系统、经济子系统和社会子系统交叉叠合地带。各子系统之间通过物质传输、能量流动和信息传递等方式相互联系,任何一个子系统出现问题都会产生连锁反应,影响其他子系统的正常运行。解决三峡库区问题,需要环境子系统、经济子系统和社会子系统之间相互配合,形成库区环境-经济-社会流域共同体。同时,随着“前三峡”时代转入“后三峡”时代,能否实现三峡库区可持续发展,关键在于能否选择有效地构建库区可持续发展的新语境和新范式。依据系统研究,结合库区发展的现实需求,针对三峡库区现存问题和未来发展方向,围绕库区环境、经济和社会领域,提出“1+3+3+25”库区发展模式的解决思路。其中,“1”为 1 个库区流域治理理念;第一个“3”为 3 项综合性措施,即在流域治理理念指导下推进库区范围优化调整、复合生态系统保护区以及库区管理机构改革;第二个“3”为三大领域,分别是资源和环境专题领域、经济发展领域和社会发展领域;“25”为三大领域中的 25 条具体建议。

7.1 实行从传统库区管理理念到流域治理理念的战略转型

在"前三峡"时期，三峡库区空间范围主要从受工程建设影响的区域界定，仅限于因修建三峡水电站而淹没的湖北和重庆 26 个区县地区。在库区治理上基本延续相对独立的行政单元管理模式。实际上，淹没影响空间并不等于可持续发展空间。三峡库区位于长江流域，从基本属性上看，三峡库区是一个相对完整的流域单元。相对独立的行政单元管理理念指导在"前三峡"时代建设中具有重要意义，成功动员和组织了巨大的人力、物力和财力。但在"后三峡"时代，库区面临的问题更加复杂，不同问题、矛盾相互交织，面对库区发展新的形势和新的挑战，需要库区发展理念的理性回归，即实行从库区管理理念到流域治理理念的战略转型和战略抉择，在库区发展中，逐步摒弃行政区划造成的地域分离理念以及因经济发展程度不同造成的经济板块分层理念，在遵循系统整体性和系统之间关联性的规律基础上，树立起"一体化"的流域治理理念。

7.2 从流域视角科学优化三峡库区生态保护和水源涵养区范围

三峡库区生态保护和水源涵养区的范围需要从受工程影响的角度去界定转变为从流域经济和流域生态的角度去界定。一是受不同区域板块区域政策影响，三峡库区的库首、库腹、库尾地区将出现新的经济发展板块，未来"万开云"一体化和宜昌区域中心城市建设将加快，三峡库区未来将形成以宜昌为中心的协同发展区域、以"万开云"为核心的协同发展区域和以重庆大都市区为核心的协同发展区域，这种区域经济发展新板块的辐射经济腹地已超出原有库区范围；二是三峡库区从自然属性上应属于完整的流域自然地理单元，水系连通，生态系统之间的运行更加强调统一和协调；三是库区经济、社会和环境的发展是一个有机的统一整体，牵一发而动全身，而且在长期发展过程中，库区在经济、社会和环境方面与周边部分区域的空间关联性增强。

三峡库区新的生态保护和水源涵养区的空间范围除包含传统受直接影响的 26 个区县作为核心区外，同时将长江上游流域和乌江、嘉陵江、岷江、金沙江等主要一级支流流域涉及的区域作为库区生态保护和水源涵养区的重要缓冲区，而次级支流涉及的主要区域作为库区生态保护和水源涵养区的重要实验区，在三峡库区形成"核心区-缓冲区-实验区"完整的生态保护和水源涵养区地域单元。

7.3 探索构建三峡库区复合生态系统保护区

三峡库区的经济、社会与环境的问题交织在一起，复杂而特殊，如果仅从单一的生态系统或自然保护区来认识三峡库区，难免存在认识误区。三峡库区不是一个单一的生态系统，而是一个自然系统、社会系统、经济系统复合在一起的复杂巨系统。三峡库区复合生态系统保护区是环境-经济-社会复合生态系统理论在库区管理实践上的具体应用和重大实践创新。三峡库区复合生态系统保护区不同于过去的自然保护区，三峡库区复合生态系统保护区需要从整个流域的全局出发，以人为核心，统筹安排、综合管理、合理利用全流域的各种自然资源和社会资源，在流域生态系统、流域经济系统、流域社会系统的复合系统基础上，构建三峡库区环境-经济-社会复合生态系统保护区，实现三峡库区综合效益最大化和经济社会环境可持续发展。

7.4 建立三峡库区（流域）垂直管理环境保护分支机构

体制机制创新既是库区水环境管理的难点，也是库区水环境管理的重要突破点。目前，三峡库区在环境管理上存在多方面问题。首先，水污染防治权责不清，管理分割严重。受我国行政管理体制和水污染防治相关法规制度不完善、有冲突的影响，目前，不同行政区域之间、上游和下游之间、部门与部门之间、中央和地方之间水污染防治职责不清，事权不明。"九龙治水"格局仍未得到根本性转变，城、乡水资源管理分割，地表水、地下水管理分割，水资源开发利用与水污染防治分割等现象依旧普遍。在具体工作中，"越位""缺位""错位"等情况普遍存在。流域环境监管能力薄弱，上下游统筹管理缺乏，跨界污染纠纷时有发生。其次，水污染防治区域协调机制不完善。在流域水污染防治过程中，上下游之间各自为政的问题相当突出。因缺乏全流域的产业规划和产业目录，一些下游地区不允许建设的项目在上游地区却允许建设。中央人民政府没有为跨区域水污染防治合作提供一套切实可行的制度框架，地区之间在整合资源、形成合力方面缺乏制度依据。最后，水污染防治相关法规衔接不够。《中华人民共和国水污染防治法》、《中华人民共和国水污染防治法实施细则》和《中华人民共和国水法》是水环境管理方面最重要、最直接的三部法律法规，但涉及水污染防治的规划编制、核定排污总量、水质监测、信息发布等规定在落实中存在交叉、重复等问题。例如《中华人民共和国水法》规定的流域综合规划、专业规划内容与《中华人民共和国水污染防治法》规定的水污染防治规划内容存在重复现象；《中华人民共和国水法》规定水利部门核定纳污总量和《中华人民共和国水污染防治法实施细则》要求环保部门编制排污总量控制计划，二者交叉；《中华人民共和国环境保护法》赋予环保部门监测、发布水环境质量公报的职能与《中华人民共和国水法》赋予水利部门监测、发布水质公报的职能重叠，实际工作中出现水质数据差距较大，甚至结果截然相反的现象。为此提出以下建议。

（1）建立直接从中央到地方垂直监管、直接对上级部门负责的水环境管理机构。加强水污染防治工作的国家统筹，做好流域水污染防治、环境评估等事务的统筹、协调和监督，落实地区间财政转移支付、跨流域基础设施建设、国际交流与合作，推动制定流域水污染防治相关法律法规。强化和发挥流域水污染防治部际联席会议制度的作用。进一步提升和充实生态环境部的工作职能。建立国家环保督察制度。

（2）加强水污染防治部门的统筹管理。积极引导部门沟通合作，建立水污染防治部门合作长效机制。探索建立水污染防治"一岗双责"制度体系。参照土地保护共同责任机制，探索建立水污染防治共同责任体系。改革污染减排责任目标分解方式，既向下级政府分解，也向部门分解，形成"纵向到底、横向到边"的减排工作格局。有序推进行政体制改革，合理界定和划分部门权限，打造水污染防治管理无缝连接新模式。

（3）加强水污染防治流域、区域的协调管理。通过立法授权，建立现代流域机构。流域机构作为流域管理重要的决策机构，独立于任何国家机关，依据相关法规、规划以及国务院分配给流域组织的任务开展工作。流域内的地方政府及其职能部门作为执行机构，负责实施流域机构的各项决策。建立流域水污染防治"统一规划、统一监测、统一监管、统一评估、统一协调"的"五统一"流域联防联控工作体系，提升流域水污染防治整体水平。建立完善流域内各行政区河流出口断面交水包干责任制，上级政府与流域上下游政府之间签订水质断面交水责任书。建立流域纵向断面水质动态监测评价体系，由国家直属环境监管部门对各断面水质进行直接监测。

7.5 三峡库区资源、环境建设专题建议

7.5.1 推进科技创新，着力强化水污染防治的科技支撑

（1）建设流域水污染防治科研平台。支持全国，特别是长江上游地区有关科研机构，设立专门针对流域水污染防治研究的协同创新中心、国家重点实验室、工程技术研究中心、野外观测站、博士后流动站、国际科技合作基地等科研平台。

（2）安排流域水污染防治科技专项。安排一批国家重大科技专项，加大对三峡库区及长江上游水污染防治有关基础研究和重大科技攻关的支持力度，加强对三峡库区环境演变机理、环境容量、环境-经济-社会复合生态系统耦合规律及消落带治理、水污染风险评估、新型减排技术等研究与示范，争取在基础理论和经济适用型治水新技术方面做出重大突破，为三峡库区及长江上游水污染防治提供科学依据。

（3）建设流域水污染监测预警系统。加强监测网络建设，配备和更新监测设备，充实技术人员，提高监测体系自动化、信息化水平，提升统计的准确性、数据的系统性，实现监测数据动态获取、实时上报、畅传共享。以现代智能化方法与 3S 技术[遥感技术、地理信息系统和全球定位系统（GPS）]、无线通信技术、计算机网络技术等耦合的途径，建立水环境预警与快速应急反应系统，提升突发水污染事件的应急能力。

（4）完善流域水环境技术标准。按照科学性、系统性、适用性的要求，建立符合流域水环境保护目标要求，同时兼顾经济发展和技术水平的环境标准体系。围绕库区水环境保护问题,配套出台各类相关标准,形成水环境保护的标准组合,与国家标准等形成层次分明、协同支撑、相互配合的系列环境保护标准。出台更为严格的库区和长江上游污染排放及水环境质量地方标准。

7.5.2 科学合理制定土地利用总体规划

土地资源是三峡库区可持续发展的重要资源，应科学制定相应的土地资源管理办法，编制三峡库区土地利用总体规划，保证土地资源开发利用的合理性与科学性。做一个系统性的保护土壤、有规划地合理开发边际土地、大力发展林业的长远计划，保证三峡库区土地资源的可持续利用。农业作业严格限制在小于 25° 的坡地或平缓地上，加强耕地基础建设，合理利用海拔高于 1400m 的荒山草坡，

发展规模化高产的畜牧业。合理开发土地资源，建立林、农、牧、渔业结构优化，功能效益最佳的立体经营基地。此外，随着遥感信息光谱分辨率和空间分辨率的不断提高、全球定位系统技术的不断成熟，空间信息技术的发展将更加迅速，应用将更加广泛，应充分发挥空间信息技术在土地利用规划执行和监督工作中的作用。

7.5.3 优化三峡库区土地利用结构

（1）国家严格进行土地开发的审核，对不符合生态环境保护要求、区域功能定位，不合理使用土地，不正确发挥土地价值的土地利用，应不授予使用权；政府应严格控制耕地、林地、湿地等土地转向建设用地，制定严格的土地转变规划，确保耕地、林地、湿地等重要生态型土地不减少。

（2）施行土地利用结构评价机制。在土地未利用之前，应先对该区土地利用结构进行评价，提出结构优化方案。利用 3S 技术、土地勘测等科技手段，对土地利用情况及时监督并监督到位，对乡村撂荒的耕地，要管理到位，确悉耕地使用情况，及时找到合法的土地承包者，对土地进行农业耕作，发挥其自身价值。政府在进行开发建设时，应严格限制未利用地的开发，通过下级的各个区县落实土地使用情况，整合使用不得当、限制荒弃的已开发用地。

7.5.4 加强生态环境建设，提高生态用地环境承载力

库区各级政府在编制国民经济发展计划时，应将生态环境建设作为重要的组成部分，实施区域生态环境治理与建设，并配套专项基金，确保项目实施。生态环境建设的实施应编制年度规划，依靠规划分解指标、落实责任，将项目管理落到实处。在争取政府财政支持的同时，应充分运用各种手段，加入市场因素，多方筹集资金，增加资金投入。例如，利用信贷手段，发挥银行作用，对重要的环境工程给予信贷上的帮助等。加强植树造林，提高林地生产效益，大规模开展植树造林，有效提高植被覆盖率，加快生态环境好转。尤其是加强天然林的保护，减轻林区的水土流失，严格控制重要水体的开发利用，遏止水环境恶化。

7.5.5 建立完善公众广泛参与的库区资源开发与环境保护联盟

（1）在设立三峡库区（流域）垂直管理环境保护分支机构的基础上，探索建

立库区生态环境治理的股份制管理机构,库区内企业集团、民间机构、行会组织、专家学者以及普通居民等各方利益主体以入股形式取得股份收益,从而为各利益主体提供一个相互协商、议事的环境和场所,相关组织机构负责收集各利益主体的意见和提供的信息,各利益主体在此机制下表达自己的诉求,参与包括对库区工程建设和相关主体的监督。

(2)充分利用教育平台,建立完善的库区生态环境教育体制。一方面,把库区生态环境教育直接纳入中小学教学大纲,开设"三峡库区可持续发展"课程,把爱护库区资源、保护库区环境的思想贯穿落实到中小学教育教学中。另一方面,倡导库区居民、企业节水行为,普及法律法规对库区周边企业在排污监控和污染治理等方面作出的明确责任和义务,增强库区居民和企业环保意识。

7.6　三峡库区经济发展专题建议

7.6.1　试点生态系统生产总值考核

将三峡库区作为全国推行生态系统生产总值(gross ecosystem product,GEP)考核的试点区,构建 GEP 核算评价体系。

(1)全面开展生态资源环境评估。开展研究和普查,建立自然资源环境资产账册,反映三峡库区各类自然资源环境的实物型资产和价值型资产核算期初与期末的存量;建立自然资源环境损耗与收益账册,反映区域各类自然资源环境使用损耗与补偿收益相当的资金流量;建立科学发展收支账册,在反映地区各类经济社会活动国民收入净产值的基础上,加减所涉及自然资源环境的损耗和收益流量。同时构建科学完整的环境资源统计指标体系,设计完善反映自然资源、生态环境、环境污染的统计指标。

(2)建立三峡库区生态目标制定及任务分解明确的绩效考核机制。通过建立生态资源环境账户,加大考核力度,将生态建设、污染物总量控制、环境质量改善、环境风险防范、重点次级河流水污染防治、水源地保护、重金属污染防治等目标纳入责任考核,落实责任追究制。将年度工作目标、任务细化分解并下达到各级政府的有关部门,把整改突出环境问题的工作纳入重大督查事项,加大督查督办力度,切实解决影响可持续发展和群众健康的突出环境问题。

7.6.2 发挥区域禀赋优势

立足自身特色，发挥比较优势，鼓励区域错位发展，将区域禀赋转化为经济社会发展动力和生态环保动力。

（1）库首、库腹地区坚持"面上保护，点上开发"原则，库尾地区秉承"全面发展，整体优化"原则，特别是库首、库腹地区的沿江带不搞区域性经济区。库首、库腹地区的环境承载力相对较低，环境系统相对脆弱，经不起大的经济开发。正如习近平总书记在2016年初视察重庆所言：当前和今后相当长一个时期，要把修复长江生态环境摆在压倒性位置，共抓大保护，不搞大开发①。三峡库区库首、库腹地区更是要下大力气地抓生态环境保护，降低经济开发强度，维护库区生态安全和稳定。针对库首、库腹地区环境承载力弱的现实情况，库首、库腹地区只适合重点发展夷陵、万州、涪陵等节点区县，其他区县更重要的任务是维护三峡库区生态安全。一方面，其他区县可向这些节点区县或重庆主城区就近转移人口和劳动力；另一方面，国家须加大对这些提供生态服务区县的生态补偿力度，使得各区县不会因提供生态产品而返贫。库尾地区环境承载力大，人才、资金、技术实力雄厚，要充分发挥自身优势，大力发展电子核心基础部件、物联网、机器人及智能装备、新材料、高端交通装备、新能源汽车及智能汽车及化工新材料、生物医药、环保装备等战略性新兴产业，现代物流、金融等生产性服务业和现代集约高效农业，同时加大对库首、库腹地区的转移支付和生态补偿力度，以库尾地区带动整个三峡库区加速发展、协同发展、绿色发展和共享发展。

（2）三峡库区各区域的资源、产业、区位禀赋各异，库首、库腹、库尾各区县须立足自身的区域禀赋，发挥自身优势，找准自身定位，避免与周边区县出现同质化的无序竞争，最优的状态是能形成一个区县一个特色生态产业的产业布局（注意，库区各区县发展的特色产业必须是生态安全的绿色产业，不能是资源消耗型产业），实现错位发展、绿色发展、协同发展、共享发展。库首地区是三峡工程所在地，是长江中下游物流必然的集散地，同时有着丰富的文化底蕴，须鼓足干劲、力争上游，大力发展现代商贸物流业和特色文化旅游，把库首地区打造成长江经济带中上游地区的重要物流枢纽和文化旅游中心。库腹地区是三峡工程的主要影响区。库区的百万移民主体在库腹，库区的自然风光精华在库腹，库区的传统农业主体也在库腹。库腹地区可充分发挥其独特的自然资源优势和较高的农业发展禀赋，大力发展生态旅游和特色农业，建成重庆的粮仓和主城的后花园。库尾地区环境承载力高，经济基础好，具有显著的人才、资金、技术优势，要充

---

① 习近平：要把修复长江生态环境摆在压倒性位置. http://yuqing.people.cn/n1/2016/0111/c394874-28038874. html[2021-02-26].

分发挥自身优势，大力发展战略性新兴产业和高新技术产业和现代服务业等科技含量高的产业，发挥三峡库区经济发展的龙头带动作用。

7.6.3　抓好生态产业化和产业生态化

以生态产业化、产业生态化为重点抓手，促进三峡库区经济可持续发展。

（1）根据三峡库区的产业实际情况选择产业发展方向。第一，在生态农业总体方向上选择以粮油、特色生态农产品为主的特色效益农业。第二，在生态工业总体方向上选择以循环经济生态化转型的资源型产业，如能源及特色资源精深加工、精细化工等产业；围绕生态和劳动力优势，发展劳动密集型产业和战略性新兴产业，如农副产品加工业、中医药产业、节能环保产业、页岩气全产业链、特色轻工和纺织服装产业；立足区域联动，实现生态涵养区和生态保护区与其他功能区错位发展和配套发展，如重型装备、汽摩及零部件、光电元器件和消费电子等产业，以及服务地方旅游业发展的工业项目。第三，在生态旅游业总体方向上选择观光旅游、休闲度假旅游、文化旅游，以及各种专业化特种旅游，如低空飞行旅游、自驾车旅游、游轮游艇旅游，开发会展旅游、健康养生旅游、研学旅游、美食旅游。

（2）积极培育产业生态系统机制，创新产业生态模式。第一，根据循环经济原理，提高库区资源、废物、副产品再利用水平，严格执行负面清单制度、定期审核制度、环境技术准入制度、环境影响评价制度，实现企业层次的小循环、园区层次的中循环、区域层次的大循环，打造三峡库区循环经济与清洁生产机制。第二，依据产业集聚原理，完善技术协同创新政策、产业扶持政策，不断深化三峡库区产业链上中下游的集群、同类企业集群、共生的集群、制造业和生产性服务业集群，打造三峡库区产业创新集聚机制。第三，依据生态资源的经济学属性，如稀缺性、归属性、价值性、可交易性，重点完善生态产品交易、林权交易、碳交易、排污权交易、长江水资源交易等系列制度，规范生态资源的市场交易行为，打造三峡库区生态资产资本化机制。

7.6.4　构建循环闭合生态产业链

大力发展生态循环农业。坚持"点、线、片、面"联动，构建主体、产业、区域三级联动的生态循环农业体系。

（1）构建主体"点-线"循环。引导广大家庭农场、农业企业推行清洁化生产，加强农业生物技术、节水技术等应用，重点抓好化肥农药控害减量和农业投入品废弃包装物、废弃农膜回收无害化处理，努力做到源头减量、过程减量、排放减量。加强规模养殖场畜禽排泄物生态化治理、作物秸秆资源化利用，大力推广稻鱼（鳖）共生、菱鱼（鳖）共养和其他立体种养等生态循环模式，加快培育一批具有较为完善的闭合循环链条的家庭农场、示范园区。引导家庭农场加快公司化改造，通过联合、合作或抱团等方式，培育一批生产、流通、加工领域的龙头型农业企业。

（2）构建产业"线-片"循环。按照生态化耦合、循环化发展的要求，通过科学规划、合理布局，使水稻、瓜果、蔬菜、食用菌、养殖业等看似分散的多种产业相互依存、环环紧扣，逐步形成"种养饲加"共生耦合的生态循环型生产体系。

（3）构建区域"片-面"循环。建设一批各具特色的生态循环农业产业，培育形成连片成面的生态循环农业发展格局。

7.6.5　建立生态产品购买制度

目前，库首和库腹地区所有区县已经列入国家生态文明先行示范区，其主要功能在于进行生态涵养、维护生态安全、保障生态调节功能、提供良好人居环境，其成果包括清新的空气、清洁的水源、无污染的土壤、茂盛的森林、舒适的环境和宜人的气候等生态产品。三峡库区生产的生态产品是基于国家主体功能区分工的，体现了其地域比较优势。按照比较优势原理，应根据三峡库区生态产品的"市场供求和资源稀缺程度"，通过市场公平交易原则，真正体现"生态价值"。建议建立生态产品购买制度，实现三峡库区"求绿"与"求富"的共赢。

（1）建立生态产品的政府采购制度。由中央和地方建立生态产品政府采购基金，以三峡库区提供生态产品的生产能力、产品质量标准和生产规模等为依据，实行生态产品最低保护价采购和激励性采购。最低保护价采购以保障三峡库区基本公共服务水平不低于重庆市、湖北省平均水平为最低限度，确保三峡库区不因生产地域的分工不同而导致基本公共服务水平不同。激励性采购根据三峡库区生态产品指标考核情况计算确定，其目的在于调动各区县提高生态产品生产能力的积极性，从而促进生态保护地区经济社会全面协调可持续发展。

（2）建立完善生态产品市场化交易制度。首先，明确生态产品产权，根据自然资源、自然环境及其他各类生态要素的特征，开放生态要素市场，使资源资本化、生态资本化，积极探索资源使（取）用权、排污权交易等市场化的交易，建立多元化的、可交易的所有权体系。其次，确定生态产品初始分配方式，可以结合免费分配（环保管理部门按照一定标准，将区域内污染物总量进行核算，综合考虑区内各排污企业历史排污记录，然后免费分配给各排污企业）和有偿分配（政府对排污权进行定价，区内的排污企业需要通过购买的方式有偿获取）两种方式进行生态产品的初始分配。最后，确定生态产品价值评估机制，通过借鉴生态系统服务价值评估的方法，对生态产品的功能属性进行分类核算，对于生态产品的价格要综合考虑三峡库区经济效益、社会效益、环境效益的整体性。

（3）建立生态产品跨区域的横向购买机制。具体包括："生态共建"，就是由三峡库区和上下游地区按照合理的分工，共同进行生态建设，其中三峡库区具体实施保护和建设，上下游地区承担部分保护建设费用；"飞地补偿"制度，在三峡库区与上下游地区各划出部分区域，分别由对方来建设和发展，这也是市场条件下的一种生态补偿途径；长江上下游生态补偿联席会议制度，引入省际水质断面交接标准，通过上下游省市间谈判确定一定水量、水质的购买价格。

7.6.6　优化三峡库区工业园区发展布局

工业园区是产业竞争力的重要来源，是区域经济发展水平的集中体现。三峡库区重庆段包括 22 个区县，按照重庆市政府 2014 年出台的《关于加快提升工业园区发展水平的意见》，每个区县布局一个特色工业园区。湖北省属于库区范围的 4 个区县亦有工业园区。结合调研搜集的素材，发现三峡库区工业园区建设存在发展定位不明确、功能配套不齐、产出效率不高等问题。需要对园区发展进行科学规划调整，激发园区经济发展活力。

（1）启动工业园区整合试点。一是针对一园多组团、发展良莠不齐等特点，建议启动开展园区整合试点，探索园区整合的实施机制和管理模式。根据空间邻近性和产业关联性，按照产业规模管理需要，从产业方面对工业用地空间进行整合，促使园区用地达到一定规模，形成产业链，提高园区内部的产业协作程度，形成产业集群化发展。二是组建园区招商联盟。在产业、空间整合的基础上，加强园区之间的人财物合作共享，以区域为单位，形成关系密切的招商联盟，进行整体招商。

（2）对发展基础较差的园区进行优化调整。一是对基础设施差、生产要素条件欠缺、生态环境脆弱等工业园区及组团应进行整顿乃至停建。例如，云阳工业园区的水口组团，由于基础设施差、生态环境脆弱等原因，工业发展基础差，应予以停建；巫山工业园区的楚阳生态园、邓家铁矿加工园，由于用地条件差，应予以停建。二是对区位交通配套差的园区重新选址。奉节工业园区目前在草堂，远离高速公路出口，其区位交通条件较差；石柱工业园区位于城市发展区域，随着城市规模的不断扩大和居住人口的不断增加，园区现有的工业用地无法承接新的企业和新的项目入驻，需要重新选址扩建。

（3）发挥长江航运优势，降低沿线园区物流成本。建立库区水位精准预测与通航能力联动机制，最大限度地保障通航能力。根据水位消落情况，建立水位监控和发布机制，及时调整码头、锚地系泊设施，综合运用 GPS 卫星定位、电子海图、无线通信、雷达、短信群发器等手段，实时调控库区航运能力，增加航次，最大限度地利用长江物流通道；建立沿江园区与长江航运的快速通道，将园区作为各地水陆联运的节点，有效降低物流成本。

7.6.7　整合库区旅游资源

以全域旅游为抓手，整合库区旅游资源，把三峡库区打造成为国内外知名的长江经济带战略中的"黄金旅游金腰带"。

（1）健全全域旅游规划体系。一是制定"全域旅游规划"，采取先自下而上报资源、提意向，再自上而下抓统筹、促协同的方式，确定重点发展区域，在重点区域以全域发展理念形成"全域旅游规划"，形成重点带动、各具特色、差异发展的旅游格局。二是明确全域旅游发展标准和规范，制定旅游景点建设规范指南等政策文件。强化全域旅游以特色风貌为依托、以文化为灵魂的发展理念，凸显三峡库区旅游的地域自然特色和文化特色。

（2）建立全域旅游"大交通"格局。一是推进交通干线项目建设，积极争取中央加快推进高速铁路、高速公路等交通干线项目，并在站点设置上充分考虑三峡库区旅游资源禀赋和全域旅游发展的布局。加快三峡库区县际高速公路网建设，搭建起旅游交通大动脉。二是加强重点区域道路设施建设，加大地方政府投入，加快交通干道、重点旅游景区到乡村旅游景区（点）的支线道路交通建设，提高公路等级标准，提高旅游景区的可进入性。

（3）强化全域旅游发展的政策支撑。一是建立"政府领导、部门参与"的全域旅游发展共同责任机制，建立农业、旅游、国土、规划、交通等部门协作机制，形成有效的工作合力。二是试点建设旅游开发区，在旅游资源丰富、农业特色突出、特色农产品及旅游商品优势明显的区县，可借鉴工业园区模式、比照相关政策，试点打造旅游开发区。

7.6.8　加快扶持推进传统生态产业转型升级

蚕桑产业既是三峡库区的传统优势产业，又符合库区生态产业发展方向，其重要意义体现在：加快推进蚕桑生态产业发展是三峡库区加强水土资源保护、促进生态涵养发展的战略性举措；加快推进蚕桑生态产业发展是三峡库区在适应生态涵养前提下满足国内外市场需求、促进经济增长的现实需要；加快推进蚕桑生态产业发展是三峡库区在适应生态涵养前提下推动扶贫攻坚、脱贫致富，实现社会和谐稳定的重要手段。因此，建议从以下四个方面加快库区蚕桑生态产业发展。

（1）完善管理机制，推动规模化经营。一是成立三峡库区蚕桑生态产业发展领导办公室，协调三峡库区各区县各部门的职责权限与利益关系，进一步落实库区蚕桑生态产业税收土地等优惠政策，形成可持续发展的蚕桑生态产业发展机制。二是严格实行蚕种生产经营许可制度，严格限定和审核企业鲜茧收购、缫丝绢纺生产资格，完善蚕桑生态产业法规保障体系，规范蚕桑生态产业生产经营秩序；建立政府引导、企业主体、桑农参与的鲜茧最低收购保护价制度，加强蚕茧价格市场风险调控。三是建立蚕桑安全生产保障体系，增强蚕业重大疫病防控能力。依托财政资金，升级改造一批桑蚕生产基础设施，推进桑树种苗繁育基地和示范园区以及优质桑、优质蚕茧生产基地建设，完善蚕桑主要病虫害综合防治及预警体系建设。进一步拓宽蚕桑生态产业政策性保险范围，提高蚕农补贴收入，逐步建立对蚕桑生态产业的补偿机制。

（2）加强科技创新，抓好技术推广。一是通过加强基层蚕桑单位和农民合作社与西南大学、华中农业大学、重庆市蚕桑研究所、湖北省农业科学院果茶蚕桑研究所等技术权威机构的合作，联合开发蚕桑新品种、新技术，选育优质高效抗病蚕种，引进和培育高产优质的桑树品种，研制生产高效农药，以提高蚕桑产业的整体效益。二是重点引进精通蚕桑技术研发、市场营销的复合型人才，联合西南大学、华中农业大学等高等院校，促进蚕桑生态产业专业科技人员培养和继续教育；建立完善蚕桑科技推广体系，提高蚕桑农技服务推广人员数量和服务质量，加强蚕桑新技术、新品种、新机具的培训、示范、推广。三是增强蚕农科技意识，提高蚕农科技学习应用能力，充分发挥三峡库区各区县、乡镇、村三级蚕桑生产服务体系功能，以村（社区）和农民专业合作社为基地，组织开展现场培训、发放资料等多种形式的蚕桑科技培训。

（3）培育新型主体，创新产业发展模式。一是按照"扶大、扶强、扶优"的原则，着力引进和扶持一批竞争力强、带动面广的蚕桑龙头企业；加快培育桑生产专业户、专业合作社、成片蚕桑基地等新型经营主体，将分散的农户组织起来，统一蚕桑生产。二是重点推广"公司+基地+专业合作社+农户"的发展模式，让龙头企业与蚕桑生产大村大户全面实行"订单"生产，建立各环节"风险共担、利益共享、共同发展"的经营模式；或者探索国内外先进蚕桑产业生产模式，如十天养蚕法等，促进蚕桑产业的专业化生产。三是实施品牌战略，加大财政投入，鼓励企业开发具有自主知识产权、自主品牌的蚕种、桑茧丝绸产品，推进中国、重庆、湖北名牌农产品认定，进一步提高三峡库区蚕桑产品的知名度和市场竞争力，促进蚕桑资源的利用率和综合附加值。

（4）积极拓展产业链，促进产业联动发展。积极拓展蚕桑生态产业链，综合开发蚕桑资源副产品，充分发挥蚕桑生态产业渗透作用和整合功能，推广蚕桑生态产业联动模式，促进第一、二、三产业深度融合。一是推广蚕桑生态旅游模式。将传统蚕桑产业与新兴生态旅游农业二者有机结合，因地制宜地发展"蚕桑观光园""果桑采摘园"，园区不限于提供新鲜桑果采摘，还可向游客提供蚕桑特色产品，比如桑果糍粑、桑枝菌、桑园鸡、桑叶鲫鱼汤、干煸蚕蛹等特色蚕桑宴。同时大力宣传举办"桑蚕文化节""桑果采摘节"，扩大三峡库区蚕桑文化影响力。二是推广桑食产业结合模式。在国内市场的特色桑葚面、蚕蛹面、桑葚酒、桑叶茶、桑干果等多种蚕桑加工食品的基础上，进一步加快发展本土蚕桑加工食品企业，支持已有企业发展壮大，同时培育更多蚕桑特色农产品企业，借助互联网等新兴销售渠道，加入网络销售，抢占线上商机，推动"互联网+蚕食产业"的发展。三是推广高效现代复合蚕桑产业模式。以现代化经营理念，将桑园套种、桑下种植、桑枝育菇等蚕桑综合利用模式与种植业、养殖业、水产业、林业相结合，构成集种、养、工、贸为一体的生态循环产业链，逐步打造技术辐射面广、关联产业多、产品附加值高、集群效应大的蚕桑特色产业集群。

7.7 三峡库区社会专题建议

7.7.1 科学评估人口容量

科学评估三峡库区适度人口容量，特别是准确度量库区生态适度人口容量。国家主体功能区是三峡库区社会、经济、环境、生态、人口等要素空间布局优化的最重要指引，三峡库区在农业劳动力存量趋于下降、农业转移劳动力区县间迁移更趋向于库尾的情境下，综合评估三峡库区各板块，特别是重庆市的经济适度人口容量、环境适度人口容量、生态适度人口容量和公共服务适度人口容量等，并据此制定既在库尾、库腹、库首之间有区分，重庆区域之间有差别，又在各板块和内部区县之间有侧重的人口迁移引导政策，即严格控制重庆市人口规模、适度控制重庆市人口增速、加快促进重庆市人口集聚、积极引导重庆市内部人口转移、合理控制库首人口总量，特别应结合三峡库区的城镇体系规划，加快助推农业转移劳动力从"钟摆式"流动向"稳定型"工作生活的转变。

7.7.2　合理引导人口转移

合理引导库首、库腹人口相对聚集和向重庆内部人口梯度转移，更加突出库区生态适度人口容量在库区人口迁移政策中的重要导向作用。

（1）适度推进新型城镇化建设，发挥新型城镇化对人口的吸引集聚作用。三峡库区要按照国家的主体功能规划，结合重庆市和湖北省的总体规划，因地制宜，既要加强小城镇建设，又要突出区域性中心城市的辐射作用，使三峡库区逐渐成为宜居、宜业的载体和联系城乡的纽带，尤其是库腹和库首地区要深入推进户籍制度改革，以此促进就地城镇化。同时，要充分发挥万州、涪陵等区域经济中心城市、宜昌附中心城市的辐射作用，进一步突出城镇化对产业及人口聚集的作用。

（2）加快推动三峡库区产业结构调整升级与转型发展，促进人口向产业和城镇有序集聚。三峡库区的产业结构调整应当把生态环境约束放在更加突出的地位，所有产业的培育及发展壮大均应以保护好三峡库区的青山绿水为条件，加快推动高能耗、高排放、高污染的资本密集型、劳动密集型等产业向低能耗、低排放、无污染的技术密集型、知识密集型及劳动密集型等产业转移，解决产业、城镇、资源、人口之间配置不合理或失衡等问题。

7.7.3　提升和开发库区人力资本

提升和开发库区人力资本，推进"人口红利"向"人才红利"转变，主要包括如下两点。

（1）全面贯彻实施二孩政策，逐步扭转三峡库区少儿抚养比和老年抚养比的"倒挂"速度加快的态势。总体而言，三峡库区是一个少儿抚养比偏低、老年抚养比偏高的区域，这种状态的进一步延续必将导致"人口红利"消退，出现较严重的"人口老龄化"问题。为此，积极宣传动员并出台相关激励政策，引导鼓励一孩家庭的育龄妇女生育二孩，同时制定更有吸引力的劳动年龄人口及其家庭成员落户三峡库区库尾和区域性中心城市，才有助于获得新一轮人口红利配置的机会，也才有利于延缓"人口老龄化"的进度。

（2）更加科学合理地制定促进三峡库区劳动力就业及技能培训等相关政策。当前，三峡库区人口年龄特征及就业特征等变化趋势，可能使得现有就业及技能培训、继续教育或终身教育等政策不适应，尤其是三峡库区库尾板块产业结构进入"三、二、一"状态并进一步巩固的趋势下，第三产业将引发就业结构的加速软化和服务化，包括第二产业中的工业特别是制造业生产向自动化、智能化转型升级等引发就业结构的加速技术技能化，为让以三峡库区农业转移人口为主体的劳动力能够主动适应这种趋势，也为他们能够更加容易地实现从"就业转移"向"户籍迁移"的转化，需要尽快研究制定适应三峡库区产业结构转型升级的劳动力技能培训及终身教育政策体系，进一步优化三峡库区人力资源配置以及建立健全人力资源开发服务体系，强化激励机制和人尽其才的用人制度，以此来逐步消除人力资本"不匹配性"流失问题。

7.7.4 促进库区教育服务均等化

促进库区教育服务均等化，尤其重点推进库腹、库首优质教育服务均等化。

（1）加大教育财政投入，以及其他教育资源的投入。在原有的教育投入的基础上，增加对三峡库区教育的支持，建立一个能够保证三峡库区教育发展的长效机制。三峡库区各个贫困县的本县级财政情况很差，大体上只能算是"吃财政饭"。如果需要从根本上解决欠债、排危的资金缺口问题，中央和省市级财政必须建立保证三峡库区教育可持续发展的长效机制，并重点给予支持。各个地方政府应该协调相关部门，积极出台相关政策措施，保证教育投入的有效性和持续性，并将政策具体化，落到实处。例如，在教育补偿方面，将搬迁学校的场坪、堡坎、梯道、绿化、水电气设施等项目均纳入补偿范畴，可以有效地保证在三峡工程实施和运行过程中，学校可以得到充分的资金保障，使其不仅搬得了，而且在搬迁后还能够快速发展起来。

此外，设置基本公共服务和优质基本公共服务专项资金，主要用于解决基本公共服务空间分布不协调、优质基本公共服务配置不均衡的问题。促进库首、库腹，以及库尾的江津区在重点小学数量上实现零的突破，重点中学在原有基础上根据当地适龄学生数量增加1~2所。争取在"十三五"期间有效解决三峡库区基本公共服务"被均等"的问题。

（2）加大教育对口支援力度。1992年，国务院发出全国对口支援三峡库区移民工作的号召。从此以后，中央国家机关、各省（自治区、直辖市）把对口支援三峡库区视为己任，在三峡库区开展了对口支援合作。据了解，截至2012年底，全国对口支援三峡库区引进资金共 1321.57 亿元，其中经济建设类项目资金1272.64 亿元、社会公益类项目资金 48.93 亿元，共安排移民劳务 97 507 人次，培训 48 439 人次，干部交流 1058 人次①。全国对口支援三峡库区移民工作，不仅保障了百万移民的按时搬迁安置，促进了三峡库区社会经济的全面发展，帮助改

---

① 国务院关于全国对口支援三峡库区移民工作五年（2008—2012 年）规划纲要的批复. http://www.pkulaw.cn/fulltext_form.aspx?Gid=bc047db7cb4d46c6bdfb&keyword=&Search_Mode=&Search_IsTitle=0[2008-03-30].

善了移民民生，还为支援方带去了良好的经济效益，真正实现了支援方和受援方的合作共赢。今后，还应该积极开展库首、库腹地区优秀教师培训，在公共服务机构岗位聘用、业绩考核等制度上给予库首、库腹地区倾斜。

（3）加强教师队伍建设，培养优质教师人才队伍。必须增强教师队伍的建设，解决教育中最关键的问题，即人才问题。现在库区教师严重缺少，这已经成了制约三峡库区教育健康发展的一大瓶颈。必须通过政策、经济等多方面的同时支持，逐渐配齐各科教师，解决新增教师的经费问题；同时，颁布相关政策，提高三峡库区的教师薪资涨幅水平，减少库区教师的不正常流动和减员，不断加强三峡库区的教师队伍素质建设。说到底，在教育的发展中，教师是根本。教师素质以师德为本。在建设教师素质教育过程中，把教师的师德建设放在首位，带动教师队伍的整体素质的提高，用教师师德促进教师教书育人责任感，用优良的教风让库区学生养成良好学风。

（4）积极引导社会力量，促进教育事业发展。必须实行多方面利用社会资源的战略，积极实现国内与国外、区域内与区域外、学校与学校、校园与企业之间的联合办学，从而达到优势互补。同时，在合理的范围内，鼓励民间力量办学，使民办学校发挥积极作用，以此促进三峡库区教育事业的快速健康发展。

7.7.5　促进社会保障服务均等化

（1）大力发展城乡经济，夯实社会保障物质基础。在三峡库区大力发展城乡经济，建立城乡统一的城乡保障体系。只有通过不断发展城乡经济的方式，才能促进社会物质财富的持续增长，使社会上可供分配的财富增加，为完善现有的保障体系提供条件；才能使社会保障基金中来自个人的部分持续稳定地增加，逐步缩小三峡库区居民与其他地区的收入差距，夯实城乡统筹社会保障的经济和物质基础。

（2）增加中央社保转移支付资金。企业的破产关闭给社会的保险体系带来了巨大的冲击。现在社会保险中的"两增两减"问题已经非常严重，出现无力缴费、断保现象。建议国家在库区的社会保障资金的拨付方面给予三峡库区支持，并将现在出现的三峡库区农村保险基金缺口纳入国家补助的范围，以保证三峡库区农村移民待遇的正常发放和适当调整。同时，将三峡非农搬迁无业居民纳入移民社会保障规划，对参保应缴纳的基本养老保险费给予适当补助，使这类群体能够享受移民优惠政策。

（3）深化行政体制改革，建立统一的社会保障管理机构。在明确现有各主管部门的职责分工基础上，建立统一的社会保障管理机构，将各项社会保险职能统一起来，进行统管，并严格实行政事分开制度。三峡库区各区县可设立社会保障领导小组，负责拟订社会保障的发展规划、改革步伐、制定相关政策，参与制定社会保障基金管理等有关制度，监督检查社会保障基金的征收、管理、经营和使用情况，策划如何确保社会保障基金的保值和增值。三峡库区应加强与工商、税务、保障金管理银行的联系，做好对劳动者的就业情况及其收入的稽查，使保障金的缴纳、分配和使用有可靠的依据。

7.7.6 促进库区公共卫生与医疗服务均等化

（1）加大财政投入，以及其他卫生资源的投入。卫生资源是开展卫生保健活动的人力与物质技术基础，包括卫生机构、卫生人员、床位数、卫生经费等方面。三峡库区应改进财政对卫生的适宜投入方式，进一步明确财政对医疗卫生的投入原则、投入方向和内容、投入经费的管理等规定，逐步建立与经济社会发展需求相适应的卫生投入保障体系，确保公共卫生、基本医疗和基层医疗卫生服务能力建设的投入。三峡库区各区县内的各级政府要按照"卫生事业费增长幅度不低于同级财政经常性支出增长幅度；用于发展农村卫生事业的部分不低于增长部分的70%"的要求，逐年增加卫生投入。积极探索政府购买医疗卫生服务的范围和形式，加大卫生人才培养、医疗卫生科研专项经费投入，加快业务用房改造、医疗设备更新，确保离退休和在职医务人员社会保障的有关费用。

根据重庆市、湖北省历年统计年鉴，三峡库区卫生医疗机构数、卫生机构床位数和卫生人员虽然均有所增加，但与其他 3 个直辖市相比，差距还较大。这说明整个三峡库区的卫生资源在数量上和其他地区也有比较大的差距。因此，应继续加大三峡库区卫生资源的投入，保障其卫生事业可持续、稳定、快速、健康发展。

（2）合理配置卫生资源，构建城市两级医疗服务体系。以满足本区域内全体居民的基本卫生服务需求为目标，根据各个区县人口数量和结构、经济发展、居民的主要卫生问题及卫生资源的切实情况，制定本区县卫生资源的配置标准，确定各区县卫生资源的总布局，提供公平、高效的卫生医疗服务。

三峡库区的各级政府应坚持政府主导，鼓励社会各界共同力量参与，多渠道建设社区卫生服务。通过社区卫生服务机构与辖区市级医院探索建立双向转诊试点，推行医疗服务社区首诊制，提高社区卫生服务能力，为社区居民提供安全、有效、便捷、经济的公共卫生服务和基本医疗服务，逐步形成"小病在社区、大病到医院、康复回社区"的新型就医格局。

（3）改进和加强对医疗机构的监督管理，实施卫生机构全行业管理。实行卫生机构属地化和全行业管理，打破医疗机构的行政隶属关系和所有制界限，卫生行政主管部门要运用法律、行政、经济等手段，加强宏观调控，改变医院管理条块分割、各自为政的局面，加强对部队医疗机构的业务指导及对民营医疗机构的扶持和监管。企事业单位职工医院逐步实现与企事业单位脱钩，其中少部分可移交当地卫生行政部门；大部分可通过产权制度改革转为股份制等多种产权形式的营利性或非营利性医疗机构；有些也可根据医疗机构规划布局的要求，予以撤并。严格区域卫生规划，优化医疗资源配置。科学制定并严格实施区域卫生规划，按照区域卫生规划和医疗机构设置规划，对医疗机构设置和资源调整进行合理配置和统筹管理。三峡库区新设立的大、中型医疗机构必须符合规划要求，严格控制公立医疗机构盲目扩张。在规划的指导下，按依法、有序的原则，加大医疗资源整合力度。鼓励符合规划要求的民营医疗机构进入和发展，形成多种产权形式的医疗机构公平、有序竞争的格局。同时，加大对医疗机构国有资产的监管力度。建立适应社会主义市场经济和公共财政要求的公立医疗机构国有资产管理体制，明确政府财政与卫生行政主管部门、公立医疗机构在国有资产管理中的职责与作用。开展公立医院国有资产监管试点工作，在试点的基础上，出台公立医院国有资产管理办法，对资产的配置与使用、处置、产权登记与产权纠纷处理、资产评估与资产清查、资产信息管理与报告、监督检查与法律责任等各方面事项做出明确规定。进一步明确大型医疗设备的配置管理，严格控制大型设备购置。

7.7.7 促进公共文化服务均等化

（1）加大财政资金的扶持力度。三峡库区应当建立政府主导的多元投入的文化建设基金，同时确定库区人民人均公共文化享有的额度。文化建设的经常性投入要逐年加大，并且确保增加的幅度大于经济增长幅度。并利用共建、冠名等多种方式，吸引社会资金参与文化建设，逐渐形成"政府主导、多方参与"的文化建设投资机制以及"政府主导、社会参与、各方资助"的良好发展格局。

（2）完善约束和激励机制，健全公共文化绩效评价制度。公共产品的生产选择必须有一个公共决策程序，这一程序应当包含公共文化需求的意见表达、意见搜集和社会评估等要素。假如领导代替公众进行公共文化资源需求的确定，就会造成文化资源的不合理配置，从而造成浪费。所以，建立文化管理机制的约束机制，能够在公共文化的建设中的资金支出过程以及对其效果评价过程中进行科学、公正的分析比较和综合绩效的衡量，调动相关部门进行文化建设资金的合理使用，加强资金管理，以更好地服务文化事业发展。

（3）建立和完善公共文化服务人才队伍保障机制。一方面，为公共文化服务培养人才提供制度保障。人才录用和管理制度是以培养、使用、激励、评价为主要内容的。现阶段要求健全人才录用和管理制度。建立各个相关领域的资格准入制度，使得相关从业人员的管理规范化。另一方面，探索实施"基层文化人才递进培养"计划。建立重庆市基层文化人才信息库，加强对基层文化人才的培养和管理。将众多基层业余文艺工作者，按照"优秀的文化爱好者""优秀的文化骨干""公共文化辅导员"三类培养目标进行分梯度的培训。此外，建立文化志愿者体系。加强三峡库区文化建设，必须重视文化志愿者在公共文化服务当中的重要作用。在三峡库区各市和各个区县都成立专业的公共文化志愿者服务中心，更加规范地在全社会招聘公共文化志愿者，建立文化志愿者服务信息库，同时建立文化义工资格认证、管理和奖惩机制，使得志愿者服务文化事业过程常规化。积极组织文化志愿者进入三峡库区基层，对百姓进行文化服务慰问演出。

参 考 文 献

白慧. 2015. 三峡库区城镇化、工业化与经济增长研究. 重庆工商大学硕士学位论文.

鲍丽洁. 2012. 基于产业生态系统的产业园区建设与发展研究. 武汉理工大学博士学位论文.

蔡振饶, 李旭东, 李玉红, 等. 2018. 贵阳市经济发展与水资源环境耦合研究. 人民长江, 49(6): 39-43.

陈谨. 2011. 可持续发展的乡村旅游经济四模式. 求索, (3): 21-23.

陈年红. 2000. 我国可持续发展评价指标体系研究. 技术经济, (3): 36-38.

陈婉婷. 2015. 福建海洋生态经济社会复合系统协调发展研究. 福建师范大学硕士学位论文: 49-51.

陈向, 周伟奇, 韩立建, 等. 2016. 京津冀地区污染物排放与城市化过程的耦合关系. 生态学报, 36(23): 7814-7825.

陈晓红, 万鲁河. 2013. 城市化与生态环境耦合的脆弱性与协调性作用机制研究. 地理科学, 33(12): 1450-1457.

陈瑜. 2010. "两型社会"背景下区域生态现代化评价与路径研究. 中南大学博士学位论文.

成海涛, 余传明. 2013. 基于能值分析理论的生态足迹模型及其应用: 以吉林省为例. 经济视角(上), (1): 64-67.

程强, 石琳娜. 2016. 基于自组织理论的产学研协同创新的协同演化机理研究. 软科学, 30(4): 22-26.

程亚新, 金本良. 2018. 城市环境可持续发展能力评价. 能源与环境, (6): 11-13, 17.

崔峰. 2008. 上海市旅游经济与生态环境协调发展度研究. 中国人口·资源与环境, (5): 64-69.

崔铁宁, 卢红雁, 颜炯. 2011. 有机垃圾资源化和生物质能产业一体化发展政策建议. 生态经济, (3): 130-133, 156.

党晶晶, 姚顺波, 黄华. 2013. 县域生态-经济-社会系统协调发展实证研究: 以陕西省志丹县为例. 资源科学, 35(10): 1984-1990.

邓维, 陆根法, 殷惠惠, 等. 2005. 镇江市环境与经济协调发展评价及对策研究. 环境保护科学, (3): 58-60.

丁文广, 刘兴德, 耿怡颖, 等. 2019. 甘肃省农业可持续发展评价及耦合协调性分析. 中国农业资源与区划, 40(3): 61-69, 129.

段七零. 2010. 江苏省县域经济—社会—环境系统协调性的定量评价. 经济地理, 30(5): 829-834.

范柏乃, 马庆国. 1998. 国际可持续发展理论综述. 经济学动态, (8): 65-69.

范冬萍. 2018. 系统科学哲学理论范式的发展与构建. 自然辩证法研究, 34(6): 110-115.

冯·贝塔朗菲. 1987. 一般系统论: 基础、发展和应用. 林康义, 魏宏森, 等译. 北京: 清华大学出版社.

冯宗容. 2000. 中国农业可持续发展的障碍与对策. 经济体制改革, (6): 76-79, 132.

傅月云. 2005. 产业生态化对企业竞争力构成因素的影响研究. 浙江大学硕士学位论文.

高强, 周佳佳, 高乐华. 2013. 沿海地区海洋经济—社会—生态协调度研究: 以山东省为例. 海洋环境科学, 32(6): 902-906.

盖美, 连冬, 耿雅冬. 2013a. 辽宁省经济与生态环境系统耦合发展分析. 地域研究与开发, 32(5): 88-94.

盖美, 王宇飞, 马国栋, 等. 2013b. 辽宁沿海地区用水效率与经济的耦合协调发展评价. 自然资源学报, (12): 2081-2094.

耿慧娟, 延军平. 2011. 陕西省经济—社会—环境系统协调性研究. 资源开发与市场, 27(3): 199-201, 243.

顾在浜, 石宝峰, 迟国泰. 2013. 基于聚类—灰色关联分析的绿色产业评价指标体系构建. 资源开发与市场, 29(4): 350-354.

关伟, 王宁. 2014. 沈阳经济区经济与环境耦合关联分析. 地域研究与开发, 33(3): 43-48.

郭培源, 李海波, 张友棠. 2008. 三峡库区资源环境可持续发展决策支持系统研究. 北京工商大学学报(社会科学版), (3): 121-127.

郭素玲. 2015. 农村可再生资源的可持续发展探讨. 江苏农业科学, 43(6): 472-474.

哈肯. 1989. 高等协同学. 郭治安译. 北京: 科学出版社.

韩满都拉. 2019. 内蒙古高原温带草地畜牧业可持续发展评价. 中国农业资源与区划, 40(1): 190-194.

韩清, 李霞. 2000. 地理信息资源与可持续发展. 新疆大学学报(自然科学版), (3): 85-88.

韩业斌. 2018. 再生资源产业可持续发展水平评价. 资源与产业, 20(2): 53-58.

何明芳. 2012. 基于灰色系统理论的人口预测模型. 华南理工大学硕士学位论文: 17-28.

何晓岚, 赵茂磊, 黄谷凌. 2005. 家族企业可持续发展的支撑因素研究. 科研管理, 26: 13-18.

贺嘉, 许芯萍, 张雅文, 等. 2019. 流域"环境—经济—社会"复合系统耦合协调时空分异研究: 以金沙江为例. 生态经济, (6): 131-138.

贺旺. 2019. 大力发展生态农业, 促进县域经济可持续发展: 以梓潼县为例探讨农业类区县农业可持续发展路径. 环境保护, (2): 72-75.

侯增周. 2011. 山东省东营市生态环境与经济发展协调度评估. 中国人口·资源与环境, 21(7): 157-161.

胡春雷, 肖玲. 2004. 生态位理论与方法在城市研究中的应用. 地域研究与开发, (2): 13-16.

胡曼, 周真刚. 2017. 贵州省民族特色村寨的可持续发展研究. 贵州民族研究, 38(11): 75-82.

胡美伦. 2006. 西南民族地区农业可持续发展初探: 以凉山州冕宁县为例. 生态经济, (12): 86-89, 103.

黄磊, 吴传清, 文传浩. 2017. 三峡库区环境—经济—社会复合生态系统耦合协调发展研究. 西部论坛, 27(4): 83-92.

贾宏俊, 顾也萍. 2001. 芜湖市土地资源人口承载力与可持续发展研究. 长江流域资源与环境, (6): 491-499.

江红莉, 何建敏. 2010. 区域经济与生态环境系统动态耦合协调发展研究: 基于江苏省的数据. 软科学, (3): 63-68.

蒋艳灵, 刘春腊, 周长青, 等. 2015. 中国生态城市理论研究现状与实践问题思考. 地理研究, 34(12): 2222-2237.

金莹, 宋玉波. 2010. 移民心态特征与三峡库区后期扶持对策: 以重庆市为例. 农业现代化研究, 31(4): 416-420.

卡林沃思, 纳丁. 2011. 英国城乡规划. 陈闽齐, 等译. 南京: 东南大学出版社: 31-47.

蕾切尔·卡逊. 1979. 寂静的春天. 吕瑞兰译. 北京: 科学出版社.

李发耀. 2015. 地理标志制度对生物资源的保护及可持续利用分析. 中央民族大学学报(自然科学版), 24(4): 38-40, 47.

李发珍. 2007. 土地利用与生态环境的协调研究: 以马鞍山市为例. 南京农业大学硕士学位论文: 13-15.

李飞, 董锁成, 武红, 等. 2016. 中国东部地区农业环境-经济系统耦合度研究. 长江流域资源与环境, 25(2): 219-225.

李辉. 2004. 我国城市可持续发展对策研究. 经济纵横, (12): 18-21.

李辉. 2014. 广东省社会经济与资源环境协调发展研究. 吉林大学博士学位论文.

李杰. 2010. 长株潭城市群资源—环境—社会—经济复合系统和谐度研究. 湖南师范大学硕士学位论文.

李圣华. 2011. 沿海省市产业可持续发展环境评价: 基于主成分聚类分析. 商业文化(上半月), (5): 115-116.

李循. 2014. 三峡库区经济增长与生态环境协调性研究: 以万州区为例. 西南大学硕士学位论文.

李彦星, 黄磊昌, 肖英男. 2016. 基于生产、生活、生态条件下的乡村景观生态规划. 湖北农业科学, 55(3): 775-779.

李愿. 1999. 试论现代系统论对整体与部分范畴的丰富和发展. 中央民族大学学报(社会科学版), (1): 99-107.

梁静. 2014. 河南省淮河流域社会—经济—水资源—水环境(SERE)协调发展研究. 郑州大学硕士学位论文: 65-66.

廖重斌. 1999. 环境与经济协调发展的定量评判及其分类体系: 以珠江三角洲城市群为例. 热带地理, (2): 171-177.

林媚珍, 张镱锂. 2000. 海南林业可持续发展战略的思考. 经济地理, (6): 97-100.

刘承良, 段德忠, 余瑞林, 等. 2014. 武汉城市圈社会经济与资源环境系统耦合作用的时空结构. 中国人口·资源与环境, (5): 145-152.

刘承良, 熊剑平, 龚晓琴, 等. 2009. 武汉城市圈经济—社会—资源—环境协调发展性评价. 经济地理, (10): 1650-1654, 1695.

刘传祥, 承继成, 李琦. 1996. 可持续发展的基本理论分析. 中国人口·资源与环境, (2): 7-11.

刘传哲, 刘娜娜, 夏雨霏. 2017. 时空耦合视角下我国省域城镇化与生态环境协调发展的研究. 生态经济, 33(9): 130-136, 187.

刘求实, 沈红. 1997. 区域可持续发展指标体系与评价方法研究. 中国人口·资源与环境, (4): 60-64.

刘顺国, 周孝华, 杨秀苔. 2007. 三峡库区循环经济发展战略研究. 中国科技论坛, (1): 22-25, 33.

刘训美, 苏维词, 官冬杰. 2013. 三峡库区重庆段人口与经济空间耦合分布研究. 重庆师范大学学报(自然科学版), (5): 37-43, 145.

刘艳军, 刘静, 何翠, 等. 2013. 中国区域开发强度与资源环境水平的耦合关系演化. 地理研究, (3): 507-517.

刘艳艳, 王少剑. 2015. 珠三角地区城市化与生态环境的交互胁迫关系及耦合协调度. 人文地理, (3): 64-71.

刘耀彬, 李仁东, 宋学锋. 2005a. 中国城市化与生态环境耦合度分析. 自然资源学报, (1): 105-112.

刘耀彬, 李仁东, 宋学锋. 2005b. 中国区域城市化与生态环境耦合的关联分析. 地理学报, (2): 237-247.

刘耀彬, 宋学锋. 2006. 区域城市化与生态环境耦合性分析: 以江苏省为例. 中国矿业大学学报, (2): 182-187, 196.

刘玉, 刘毅. 2003. 长江流域区域可持续发展态势与对策. 长江流域资源与环境, (6): 497-502.

刘月珍. 1998. 可持续农业及其评价指标体系. 农业经济, (12): 11-12.

马丽, 金凤君, 刘毅. 2012. 中国经济与环境污染耦合度格局及工业结构解析. 地理学报, 67(10): 1299-1307.

马延吉, 艾小平. 2019. 基于 2030 年可持续发展目标的吉林省城镇化可持续发展评价. 地理科学, (3): 487-495.

尼科里斯, 普利高津. 1986. 探索复杂性. 罗久里, 陈奎宁译. 成都: 四川教育出版社.

牛亚琼, 王生林. 2017. 甘肃省脆弱生态环境与贫困的耦合关系. 生态学报, 37(19): 6431-6439.

庞闻, 马耀峰, 唐仲霞. 2011. 旅游经济与生态环境耦合关系及协调发展研究: 以西安市为例. 西北大学学报(自然科学版), (6): 1097-1101, 1106.

彭德芬. 1999. 建立我国可持续发展指标体系的构想. 科技进步与对策, (4): 18-19.

乔标, 方创琳, 黄金川. 2006. 干旱区城市化与生态环境交互耦合的规律性及其验证. 生态学报, (7): 2183-2190.

秦裕华. 2002. 实现新疆资源经济的可持续发展. 新疆大学学报(社会科学版), (S1): 54-56.

邱家宝. 2017. 农村经济可持续发展的制约因素及策略研究. 农村经济与科技, 28(24): 123-124.

曲建君, 张春霞. 2002. 南平市可持续发展能力建设的因素分析. 经济地理, (S1): 14-17.

瑞典斯德哥尔摩国际环境研究院, 联合国开发计划署驻华代表处. 2002. 中国人类发展报告2002: 绿色发展 必选之路. 北京: 中国财政经济出版社.

上海交通大学. 2005. 智慧的钥匙: 钱学森论系统科学. 上海: 上海交通大学出版社.

邵蕾. 2013. 后三峡时期三峡库区可持续发展研究. 武汉大学博士学位论文.

生延超, 钟志平. 2009. 旅游产业与区域经济的耦合协调度研究: 以湖南省为例. 旅游学刊, (8): 23-29.

史戈. 2018. 中国海岸带地区城市化与生态环境关联耦合度测度: 以大连等 8 个沿海城市为例. 城市问题, (10): 20-26, 52.

史光华, 孙振钧. 2004. 畜牧业可持续发展战略的理论思考. 生态经济, (S1): 232-233, 237.

舒小林, 高应蓓, 张元霞, 等. 2015. 旅游产业与生态文明城市耦合关系及协调发展研究. 中国人口·资源与环境, 25(3): 82-90.

宋学锋, 刘耀彬. 2005. 城市化与生态环境的耦合度模型及其应用. 科技导报, (5): 31-33.

孙平军, 修春亮, 张天娇. 2014. 熵变视角的吉林省城市化与生态环境的耦合关系判别. 应用生态学报, 25(3): 875-882.

孙元明. 2011. 三峡库区"后移民时期"若干重大社会问题分析: 区域性社会问题凸显的原因及对策建议. 中国软科学, (6): 24-33.

覃佐彦, 谢炳庚, 杨勋林. 2002. 土地整理可持续发展评价体系研究. 经济地理, 22: 72-75.

万光碧. 2007. 三峡库区经济与生态环境和谐发展研究. 中央社会主义学院学报, (3): 50-53.

万哨凯, 夏斌, 宋晓丹. 2006. 襄樊市区域可持续发展战略对策. 经济地理, 26: 61-63.

汪中华, 梁爽. 2016. 中国城市化与生态环境交互耦合测度研究. 生态经济, (2): 34-38.

王爱辉, 刘晓燕, 龙海丽. 2014b. 天山北坡城市群经济、社会与环境协调发展评价. 干旱区资源与环境, 28(11): 6-11.

王爱辉, 龙海丽, 彭健. 2014a. 县域绿洲城市经济、社会与环境协调发展评价. 水土保持研究, 21(3): 235-241.

王爱辉. 2014. 天山北坡城市群经济、社会与环境协调发展与对策. 水土保持研究, 21(2): 316-322.

王冰洁, 弓宪文. 2003. 三峡移民对库区经济的影响研究. 商业研究, (3): 160-162.

王昌森, 董文静. 2018. 乡村振兴战略下农业可持续发展政策的完善路径研究: 以山东省为例. 东北农业科学, 43(4): 48-52.

王成, 李颢颖, 何焱洲, 等. 2019. 重庆直辖以来乡村人居环境可持续发展力及其时空分异研究. 地理科学进展, (4): 556-566.

王东殿. 2018. 可持续发展背景下资源型城市转型发展研究: 以庆阳市为例. 西南交通大学硕士学位论文.

王根索, 侯景新. 2001. 西部资源型区域的可持续发展. 云南社会科学, (6): 38-42.

王辉, 姜斌. 2006. 沿海城市生态环境与旅游经济协调发展定量研究. 干旱区资源与环境, (5): 115-119.

王琦, 汤放华. 2015. 洞庭湖区生态—经济—社会系统耦合协调发展的时空分异. 经济地理, 35(12): 161-167, 202.

王少剑, 方创琳, 王洋. 2015. 京津冀地区城市化与生态环境交互耦合关系定量测度. 生态学报, 35(7): 2244-2254.

王婷, 王保乾, 曹婷婷. 2017. 北京市经济与水环境系统耦合关系及效果研究. 中国农村水利水电, (2): 77-81, 85.

王文举, 李峰. 2015. 中国工业碳减排成熟度研究. 中国工业经济, (8): 20-34.

王文军. 2007. 生态产业与三峡库区经济环境可持续发展. 生态经济, (10): 91-94, 126.

文传浩, 许芯萍. 2018. 流域绿色发展、精准扶贫与全域旅游融合发展的理论框架. 陕西师范大学学报(哲学社会科学版), 47(6): 39-46.

吴炯丽, 宋建华, 杨俊孝. 2017. 新疆畜牧业生态经济系统耦合协调发展研究. 黑龙江畜牧兽医, (2): 7-10.

吴连霞, 赵媛, 管卫华, 等. 2016. 江苏省人口—经济耦合与经济发展阶段关联分析. 地域研究与开发, 35(1): 57-63.

吴文恒, 牛叔文. 2006. 甘肃省人口与资源环境耦合的演进分析. 中国人口科学, (2): 81-86.

吴颖婕. 2012. 中国生态城市评价指标体系研究. 生态经济, (12): 52-56.

吴玉鸣, 柏玲. 2011. 广西城市化与环境系统的耦合协调测度与互动分析. 地理科学, 31(12): 1474-1479.

吴玉鸣, 张燕. 2008. 中国区域经济增长与环境的耦合协调发展研究. 资源科学, (1): 25-30.

吴跃明, 郎东锋, 张子珩, 等. 1996. 环境—经济系统协调度模型及其指标体系. 中国人口·资源与环境, (2): 51-54.

谢洪礼. 1998. 关于可持续发展指标体系的述评(一). 统计研究, (6): 56-60.

熊鹰, 唐湘玲, 覃事娅. 2013. 湖南省县域经济—社会—环境系统协调性综合评价. 水土保持通报, 33(5): 233-238.

徐成龙, 程钰, 任建兰. 2013. 山东省经济发展与资源环境关系的协调性研究. 资源与产业, 15(3): 118-125.

徐建国. 2010. 依靠科技进步促进三峡库区可持续发展. 中国科技论坛, (10): 72-74.

杨东峰, 殷成志, 龙瀛. 2012. 从可持续发展理念到可持续城市建设: 矛盾困境与范式转型. 国际城市规划, 27(6): 30-37.

杨霏. 2014. 三峡库区人口变动及其对经济增长的影响研究. 重庆工商大学硕士学位论文: 42-44.

杨峰, 孙世群. 2010. 环境与经济协调发展定量评判及实例分析. 环境科学与管理, (8): 140-143, 162.

杨林章, 董元华, 马毅杰, 等. 2007. 三峡库首地区土地资源潜力与生态环境建设. 北京: 中国水利水电出版社: 20-29.

杨世琦, 高旺盛, 隋鹏, 等. 2005. 湖南资阳区生态经济社会系统协调度评价研究. 中国人口·资源与环境, 15(5): 67-70.

杨主泉, 张志明. 2014. 基于耦合模型的旅游经济与生态环境协调发展研究: 以桂林市为例. 西北林学院学报, (3): 262-268.

叶民强, 张世英. 2001. 区域经济、社会、资源与环境系统协调发展衡量研究. 数量经济技术经济研究, (8): 55-58.

叶文虎. 2001. 论"废物"再利用业: 兼论循环型经济. 再生资源研究, (3): 4-6.

叶有华, 孙芳芳, 张原, 等. 2014. 快速城市化区域经济与环境协调发展动态评价: 以深圳宝安区为例. 生态环境学报, 23(12): 1996-2002.

余瑞林, 刘承良, 熊剑平, 等. 2012. 武汉城市圈社会经济—资源—环境耦合的演化分析. 经济地理, 32(5): 120-126.

余世勇. 2012. 三峡库区生态与经济同步建设的难点及对策. 生态经济, (6): 64-66.

余炜敏. 2005. 三峡库区农业非点源污染及其模型模拟研究. 西南农业大学博士学位论文.

袁增伟, 毕军, 黄珠赛, 等. 2004. 生态产业评价指标体系研究及应用. 生产力研究, (12): 152-153, 177.

张芳怡, 濮励杰, 张健. 2006. 基于能值分析理论的生态足迹模型及应用: 以江苏省为例. 自然资源学报, (4): 653-660.

张欢, 罗畅, 成金华, 等. 2016. 湖北省绿色发展水平测度及其空间关系. 经济地理, 36(9): 158-165.

张建清, 张岚, 王嵩, 等. 2017. 基于 DPSIR-DEA 模型的区域可持续发展效率测度及分析. 中国人口·资源与环境, (11): 1-9.

张荣天, 焦华富. 2015. 泛长江三角洲地区经济发展与生态环境耦合协调关系分析. 长江流域资源与环境, 24(5): 719-727.

张文. 2018. 乡村区域"生产—生活—生态"协同发展问题研究. 曲阜师范大学硕士学位论文.

张岩鸿. 2008. 大城市中心城区可持续发展路径选择. 城市问题, (11): 47-51.

张郁, 杨青山. 2014. 基于利益视角的城市化与生态环境耦合关系诊断方法研究. 经济地理, (4): 166-170.

张准. 2006. 从美国西部农业开发看农业的可持续发展. 求索, (12): 36-38.

赵宏林, 陈东辉. 2008. 城市化与生态环境之关联耦合性分析: 以上海市青浦区为例. 中国人口·资源与环境, (6): 174-177.

赵文亮, 丁志伟, 张改素, 等. 2014. 中原经济区经济—社会—资源环境耦合协调研究. 河南大学学报(自然科学版), (6): 668-676.

郑季良, 彭晓婷. 2018. 高耗能产业群复合生态效率系统协同发展研究. 重庆理工大学学报(社会科学), (11): 30-38.

周彬, 赵宽, 钟林生, 等. 2015. 舟山群岛生态系统健康与旅游经济协调发展评价. 生态学报, 35(10): 3437-3446.

周宾, 陈兴鹏, 吴士锋, 等. 2009. 中观经济-社会-环境耦合系统发展的稳健性研究: 以甘肃省各市州发展情况为例. 安徽农业科学, 37(12): 5567-5571, 5630.

周宏春. 2008. 促进我国再生资源产业发展的思路与对策. 再生资源与循环经济, (6): 7-10.

周孝华, 叶泽川, 杨秀苔. 1999. 三峡库区人口、资源、环境与经济的协调发展. 地域研究与开发, 18(3): 41-44.

周银珍, 杨菁菁, 胡红青. 2011. 三峡库区农村移民外迁安置效果调查研究. 农村经济, (1): 52-54.

朱婧, 孙新章, 何正. 2018. SDGs框架下中国可持续发展评价指标研究. 中国人口·资源与环境, (12): 9-18.

朱木斌. 2007. 农村土地资源可持续利用的路径选择. 改革, (12): 108-111.

祝恩元, 李俊莉, 刘兆德, 等. 2018. 山东省科技创新与可持续发展耦合度空间差异分析. 地域研究与开发, (6): 23-28.

邹伟进, 李旭洋, 王向东. 2016. 基于耦合理论的产业结构与生态环境协调性研究. 中国地质大学学报(社会科学版), 16(2): 88-95.

Ai J, Feng L, Dong X W, et al. 2016. Exploring coupling coordination between urbanization and ecosystem quality (1985-2010): A case study from Lianyungang City, China. Frontiers of Earth Science, 10(3): 527-545.

Albino V, Garavelli A C, Schiuma G. 1998. Knowledge transfer and inter-firm relationships in industrial districts: The role of the leader firm. Technovation, 19(1): 53-63.

Guan W, Xu S T. 2015. Spatial energy efficiency patterns and the coupling relationship with industrial structure: A study on Liaoning Province, China. Journal of Geographical Sciences, 25(3): 355-368.

Keeble B R. 1988. The Brundtland report: 'Our common future'. Medicine, Conflict and Survival, 4(1): 17-25.

Loehle C. 2006. Control theory and the management of ecosystems. Journal of Applied Ecology, 43(5): 957-966.

Ma L, Jin F J, Song Z Y, et al. 2013. Spatial coupling analysis of regional economic development and environmental pollution in China. Journal of Geographical Sciences, 23(3): 525-537.

Martínez M L, Intralawan A, Vázquez G, et al. 2007. The Coasts of our world: Ecological, economic and social importance. Ecological Economics, 63 (2-3): 254-272.

Wang H W, Zhang X L, Wei S F, et al. 2007. Analysis on the coupling law between economic development and the environment in Ürümqi city. Science in China Series D: Earth Sciences, 50: 149-158.

Wang Q S, Yuan X L, Lai Y H, et al. 2012. Research on interactive coupling mechanism and regularity between urbanization and atmospheric environment: A case study in Shandong Province, China. Stochastic Environmental Research and Risk Assessment, 26: 887-898.